T0195876

NX8.5 - kurz und bündig

Sándor Vajna (*Hrsg.*)
Guido Klette · Michael Nulsch

NX8.5 - kurz und bündig

Grundlagen für Einsteiger

4., überarbeitete und aktualisierte Auflage

Herausgeber
Univ.-Prof. Dr.-Ing. Dr.-Ing. e.h. Sándor Vajna
Otto-von-Guericke-Universität
Magdeburg, Deutschland

Autoren
Dipl.-Ing. Guido Klette, Dipl.-Ing. Michael Nulsch
Kassel, Deutschland

ISBN 978-3-658-01514-5 ISBN 978-3-658-01515-2 (eBook)
DOI 10.1007/978-3-658-01515-2

Die Deutsche Nationalbibliothek verzeichnet diese Publikation in der Deutschen Nationalbibliografie; detaillierte bibliografische Daten sind im Internet über http://dnb.d-nb.de abrufbar.

Springer Vieweg
© Springer Fachmedien Wiesbaden 2005, 2008, 2011, 2013
Das Werk einschließlich aller seiner Teile ist urheberrechtlich geschützt. Jede Verwertung, die nicht ausdrücklich vom Urheberrechtsgesetz zugelassen ist, bedarf der vorherigen Zustimmung des Verlags. Das gilt insbesondere für Vervielfältigungen, Bearbeitungen, Übersetzungen, Mikroverfilmungen und die Einspeicherung und Verarbeitung in elektronischen Systemen.

Die Wiedergabe von Gebrauchsnamen, Handelsnamen, Warenbezeichnungen usw. in diesem Werk berechtigt auch ohne besondere Kennzeichnung nicht zu der Annahme, dass solche Namen im Sinne der Warenzeichen- und Markenschutz-Gesetzgebung als frei zu betrachten wären und daher von jedermann benutzt werden dürften.

Gedruckt auf säurefreiem und chlorfrei gebleichtem Papier.

Springer Vieweg ist eine Marke von Springer DE. Springer DE ist Teil der Fachverlagsgruppe Springer Science+Business Media
www.springer-vieweg.de

Vorwort

Am Lehrstuhl für Maschinenbauinformatik der Otto-von-Guericke-Universität Magdeburg werden Studenten seit mehr als fünfzehn Jahren an führenden 3D-CAx-Systemen ausgebildet. Im Fokus der Ausbildung steht die Vermittlung eines umfassenden, universalen Wissens sowie Grundfertigkeiten in der Anwendung zur CAx-Technologie, ohne eine Spezialisierung auf nur ein einziges System. Dazu bearbeiten die Studenten auf ihrem Weg zum Diplom eine große Anzahl von CAx-Übungsbeispielen allein oder gemeinsam im Team auf mindestens vier verschiedenen 3D-CAx-Systemen.

Das vorliegende Buch nutzt die vielfältigen Erfahrungen, die während dieser Ausbildung gesammelt wurden. Dem Leser werden die Grundlagen der parametrischen 3D-Modellierung mit den CAD-Funktionen von NX vermittelt. In einer kurzen, verständlichen Darstellung der grundlegenden Funktionalitäten von NX sind praktische Übungsbeispiele eingewoben. Somit kann der Leser parallel zu den erläuterten Funktionen das Erlernte sofort praktisch anwenden und festigen.

Der Anspruch des Buches „kurz & bündig“ kann nur eine Auswahl der grundlegenden Elemente eines komplexen CAD/CAM/CAE-Systems wie NX abbilden. Daher gilt besonderes Augenmerk auf das Erlernen der Fähigkeit des Anwendens von Formelementen (den geometrischen Features) auf vorgegebenen Zeichnungen und der entsprechenden Umsetzung zu qualitativ gut strukturierten Modellen. Beginnend mit einer Einführung in das System werden die wichtigsten Elemente der Geometrie, Selektion und Modellstrukturierung aufgezeigt, die in den fortlaufenden Übungen als Basis dienen. Anschließend werden einfache, später komplexere Bauteile sowie die Verknüpfung von Einzelteilen zu Baugruppen und die Ableitung technischer Zeichnungen behandelt.

Das Buch spricht Leser ohne oder mit geringer Erfahrung in der Anwendung von 3D-CAD-Systemen an. Es soll das Selbststudium unterstützen und zu weiterer Beschäftigung mit der Software anregen. Durch den Aufbau des Textes in Tabellenform und die zahlreichen Abbildungen ist dieses Buch sehr gut als Schritt-für-Schritt-Anleitung geeignet, kann darüber hinaus auch als Referenz für die tägliche Arbeit mit dem System genutzt werden. Es können natürlich nicht alle Details behandelt werden. Es wird aber stets Anregung zum weiteren Ausprobieren gegeben. Denn nichts ist beim Lernen wichtiger als eigene Erfahrungen sammeln.

Besonderer Dank der Autoren gilt dem Team des Springer Vieweg Verlages Lektorat Maschinenbau für die konstruktive und freundliche Zusammenarbeit. Die Autoren sind auch dankbar für jede Anregung aus dem Kreis der Leser bezüglich Inhalt, Darstellung und Reihenfolge der Modellierung mit NX 8.5.

Kassel, im Oktober 2013

Dipl.-Ing. Guido Klette
Dipl.-Ing. Michael Nulsch
Univ.-Prof. Dr.-Ing. Sandor Vajna

Inhaltsverzeichnis

1 Einführung

NX beschreibt die Produktreihe eines nach Funktionen modular aufgebauten CAD/CAM/CAE-Systems für den gesamten Konstruktions- und Fertigungsprozess von Siemens Industry Solution and Services GmbH®. NX ist aus der Zusammenführung von Unigraphics und I-DEAS hervorgegangen und ist ein 3D-System für Entwicklung und Konstruktion, Zeichnungserstellung, Simulation und Fertigung. Es ermöglicht Volumen- und Flächenkonstruktion in voll-, teil- und nicht-parametrisierter Form. In der aktuellen Version NX sind konsolidierte Funktionen und Neuerungen gegenüber den Vorgängern umgesetzt. NX basiert auf dem Parasolid-Kern (Basis der Geometriedarstellung).

Das in den Abbildungen und der Ausführung dieses Buches verwendete Betriebssystem ist Microsoft Windows 7®. Es werden Grundkenntnisse im Umgang mit Windows vorausgesetzt. NX ist in den Grundfunktionen der Dateiverwaltung äquivalent zu anderen Windowsanwendungen. Die Installation von NX erfolgt mit Hilfe übersichtlich gestalteter Wizards, die größtenteils selbsterklärend sind.

NX kann, wie andere Windowsanwendungen auch, über das Startmenü aufgerufen werden. Für individuelle, administrative Anpassungen kann die Umgebung für das System durch eine Stapelverarbeitungsdatei mit Hilfe von Variablen gesetzt werden. Wir – die Autoren – sehen dieses Buch als eine Anleitung zum Erlernen von NX und nichts als reine Klick-Anleitung. Viele NX-Verhaltensweisen erklären sich in den Interaktionen selbst. Wir werden am Anfang intensiv darauf hinweisen.

Zusätzlich zu diesem Buch ist vom Verlag ein Download-Bereich eingerichtet. Hier können im Buch verwendete Beispieldaten, weitere umfangreiche Geometrien und Baugruppen, Stapelverarbeitungsdateien (Batch), Einstellungsdateien sowie Dokumentationen zu neuen oder erweiterten Funktionen heruntergeladen werden (im Text am nebenstehenden Icon ersichtlich)

Auf den Download-Bereich schauen lohnt sich immer.

Im Buch werden links vor dem Text die Icons für die verwendeten Funktionen sowie evtl. vorhandene Tastatur-Kürzel angegeben. Die folgenden Abbildungen erleichtern uns das Arbeiten mit dem Buch in Verbindung mit NX.

Achtung Interaktion - die Maus zeigt an, dass wir beschriebene Funktionen sofort am System ausprobieren sollten, um das Verständnis des Erlernten zu festigen. Nach dem Motto: Ich sehe und vergesse – Ich tue und begreife.

Warndreiecke weisen auf häufige oder potenzielle Fehlerquellen hin.

Der Notizblock zeigt wichtige Sachverhalte an, die wir uns einprägen sollten.

S. Vajna (Hrsg.) / G. Klette, M. Nulsch, *NX8.5 – kurz und bündig*,

⇨ der Pfeil steht für einen nächsten Schritt in der Bearbeitungsabfolge

Kursiv dargestellte Schrift kennzeichnet sämtliche in NX dargestellten Texte, Befehle, Schaltflächen, Beschriftungen in Dialogen etc.

(50) geklammerte Zahlen oder Namen kennzeichnen Eingaben in Dialoge

`D_Rohr=50[mm]` So werden Parameter bzw. die Eingaben für Parameter dargestellt.

Unterstrichen sind gelegentlich Sachverhalte und Fakten, um mögliche Missverständnisse zu vermeiden.

Fett dargestellt sind Überschriften zu Begriffs- und Funktionserläuterungen.

1.1 Datenverwaltung

Neue Teiledatei aus Schablonen anlegen

Strg +N

Datei ⇨ *Neu...* ⇨ hier kann aus verschiedenen Schablonen-Dateien gewählt werden. Die einzelnen Schablonen (auch Vorlage oder engl. Template) beinhalten für verschiedene Anwendungen spezifische Voreinstellungen und Referenzgeometrien (z. B. ein Koordinatensystem).

Die aus Schablonen erstellten Daten sind vom Aufbau und von der Verwaltung her identisch, unterscheiden sich jedoch in NX jederzeit änderbaren Voreinstellungen.

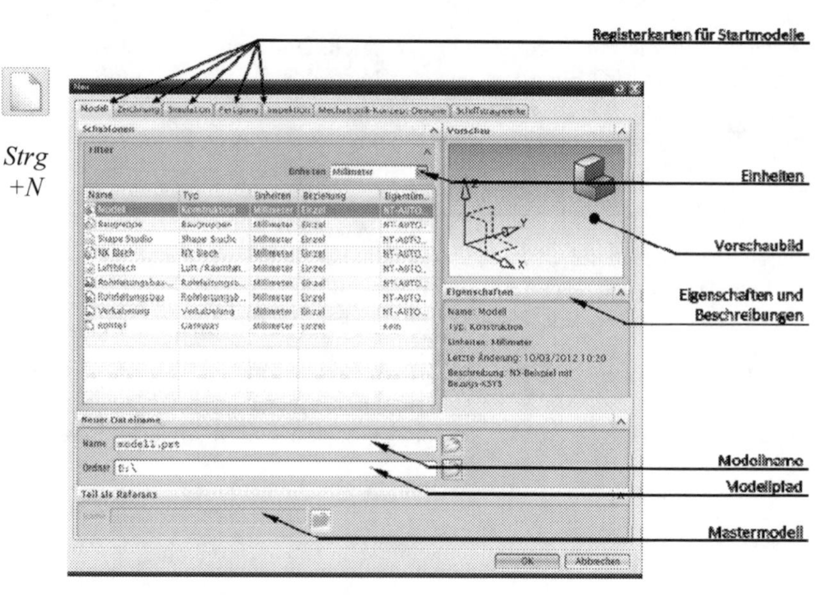

Am besten einfach ein paar Schablonen ausprobieren, um einen Eindruck zu bekommen, wie unterschiedlich diese Voreinstellungen sein können. Neben *Modell* gibt es ebenso Baugruppen-, Zeichnungs- und Simulationsvorlagen. Fast alle Vorlagen basieren auf einem einheitlichen Datenformat *.prt als Endung. Berechnungsdateien haben andere Endungen, sind aber auch nicht Bestandteil dieses Buches.

Für Namen von Dateien und Pfaden von Ordnern keine Umlaute, wie *ä, ü, ö* oder Sonderzeichen verwenden. Sonst erscheint folgende Meldung:

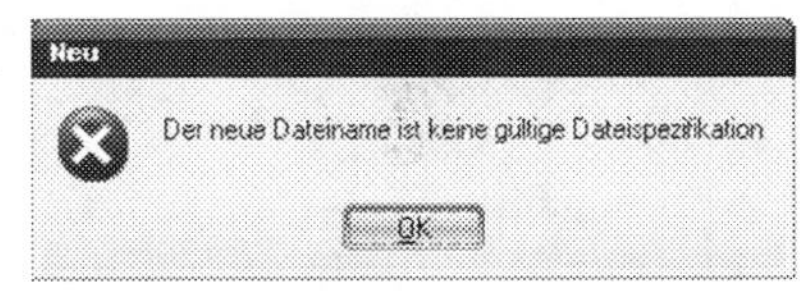

Strg +O

Vorhandene Teiledatei öffnen

Für einen ersten Eindruck laden wir zunächst ein mitgeliefertes Standard-Modell aus dem Installationspfad, der nachfolgend durch eine Umgebungsvariable definiert ist (z.B.: UGII_BASE_DIR=C:\UGNX85\ vgl.[1]).

Datei ⇨ *Öffnen…* ⇨

über *Suchen in:* kann die herkömmliche Windowssuche genutzt werden.

Pfad: [1]UGII_BASE_DIR\NXPARTS\Reuse Library\Reuse Examples\Standard Parts\DIN\Nut\Hex

Dateiname: Hex Nut, 1A, DIN.prt ⇨ OK

Die Beispiel-Mutter ist aus der Wiederverwendungsbibliothek von NX entnommen. Wir werden hierauf in Kapitel 6 und 7 detailliert eingehen. Zunächst werden wir an diesem Bauteil die grundlegenden Funktionen von NX kennenlernen. Im Download-Bereich stehen weitere Modelle zur Verfügung, die beispielhaft für die nächsten zwei Kapitel genutzt werden können.

1.2 Benutzungsoberfläche

In den zu NX vorangegangenen Versionen wurde die Benutzungsoberfläche weitgehend konsolidiert, sodass die in NX vorhandenen Dialoge größtenteils gleich strukturiert sind.

Die Benutzungsoberfläche ist vielfältig anpassbar. Beim erstmaligen Start und Öffnen der Beispieldatei präsentiert sich NX in etwa so:

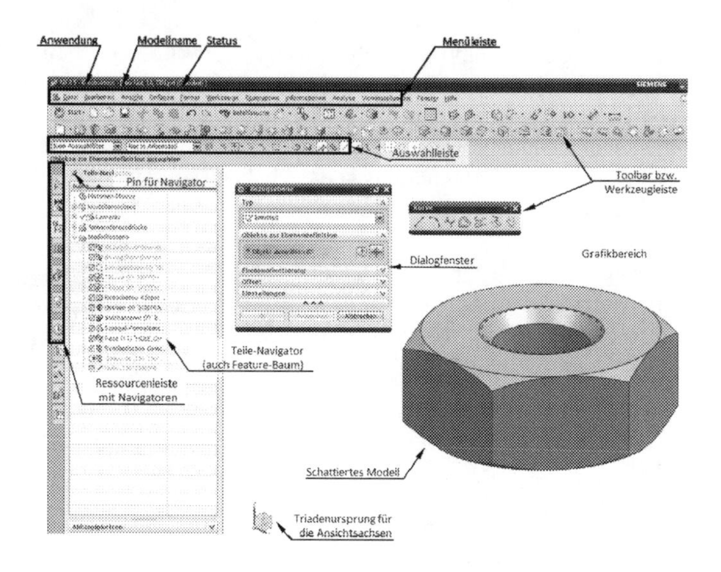

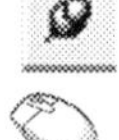

Im Bild ist der Teile-Navigator aus der Ressourcenleiste festgesteckt (Pin oben links). Andernfalls verschwindet der Navigator, sobald sich der Mauszeiger nicht mehr über diesem befindet.

Anwendungen hier Konstruktion/Modeling

Strg +M

sind in NX modular aufgebaute Umgebungen mit spezifischen Funktionen (z. B. für Konstruktion/Modeling oder Zeichnungserstellung/Drafting). Das Umschalten zwischen den einzelnen Anwendungen kann über den START-Button in NX, eine Toolbar oder verschiedene Tastatur-Short-Cuts erfolgen.

Diese Arbeitsweise ist vorteilhaft, da somit ein einziges Konstruktions-Modell aus verschiedenen Sichten bearbeitet werden kann, ohne die Daten oder Dateiformate zu wechseln.

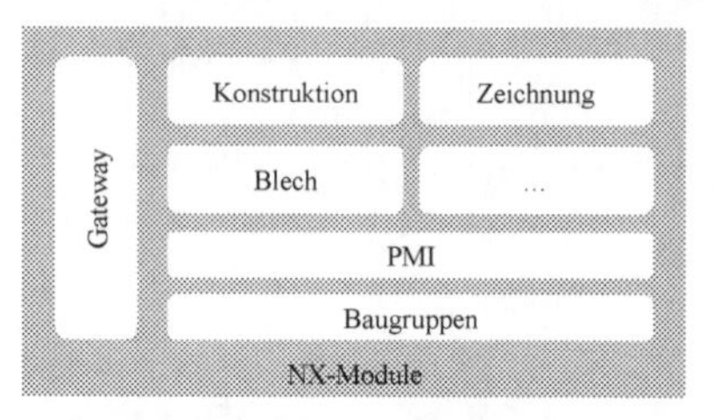

Kopfinformationen NX 8.5 - Konstruktion - [Hex Nut, 1A, DIN.prt (Geändert)]

sind neben der Programmversion die jeweilige Anwendung sowie das aktive Bauteil mit Status (z. B. geändert = Änderungen nicht gespeichert).

Menüleiste

ist eine aus fast allen Windows-Anwendungen bekannte horizontale Leiste mit Funktionen. Jeder Eintrag enthält ein Pull-down-Menü, welches je nach Anwendung unterschiedliche Funktionen und Features aufweisen kann.

Toolbars bzw. Werkzeugleisten

sind Leisten mit Icons für häufig verwendete Befehle und Funktionen. Die Icons sind in funktionale Gruppen zusammengefasst. Toolbars selbst können frei verschoben, „angedockt", ein- bzw. ausgeblendet und konfiguriert werden.

Auswahlleiste

ist eine Toolbar für die selektive Auswahl von Geometrieobjekten, diese ist in ihrer Position fixiert.

Tipp/Status Zeile **Achtung! Ganz wichtig!**

hilft, wenn man nicht mehr weiter weiß. In der Zeile interagiert NX mit dem Nutzer und zeigt die nächsten erforderlichen Aktionen an. Während des Aufrufs und der Definition einer Funktion wird hier auf die nächsten, vom Nutzer einzugebenden Informationen oder Geometrien hingewiesen.

In der Statuszeile zeigt NX Informationen zur aktuellen Operation.

Dialogfenster

sind in NX das Kommunikationsmittel. Diese fordern auf, zur Ausführung einer Funktion Eingaben und Selektionen durchzuführen.

Denn hier konstruiert der Nutzer, nicht das System.

Ressourcen-Leiste

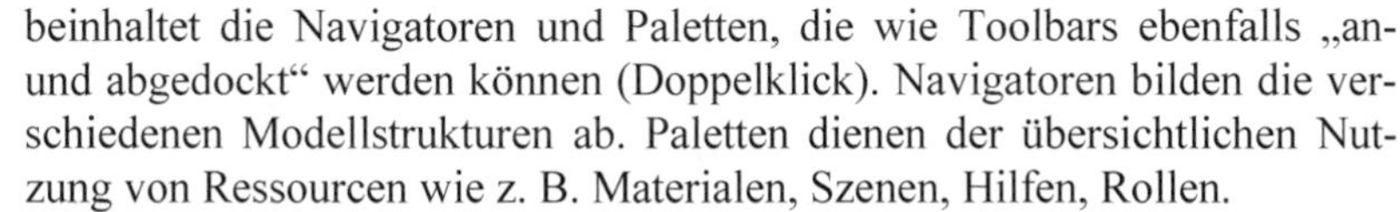

beinhaltet die Navigatoren und Paletten, die wie Toolbars ebenfalls „an- und abgedockt" werden können (Doppelklick). Navigatoren bilden die verschiedenen Modellstrukturen ab. Paletten dienen der übersichtlichen Nutzung von Ressourcen wie z. B. Materialen, Szenen, Hilfen, Rollen.

Grafikbereich

ist das Herzstück von NX. Hier entsteht das 3D-Modell, kann gedreht, selektiert und „ausprobiert" werden. Ein Modell, welches mit farbig hervorgehobenen Flächen dargestellt ist, nennen wir „schattiert" - im Gegensatz hierzu die „Drahtmodelldarstellung".

Der **Triadenursprung** dient der definierten Ansichtsmanipulation um die drei Raumachsen X,Y,Z. Die Achsen einfach mit der Maus anwählen.

1.3 Rollen und Layout

Rollen vereinfachen die sehr umfangreiche NX-Benutzungsoberfläche, indem ein Teil der Funktionen aus den Menüs und Toolbars ausgeblendet wird, der für eine aktuelle Problemstellung nicht vorrangig ist.

Unsere Problemstellung ist zunächst, NX zu erlernen. Daher betrachten wir in der Ressourcen-Leiste die Rollen der *Systemvoreinstellungen*.

Wesentlich sind Rollen, die einen Satz an Basisfunktionalitäten beinhalten, der für das Erlernen sinnvoll sein soll. Auch sind die Icons der Toolbars beschriftet. Die Weiterführung

Wesentlich mit vollständigen Menüs weist darauf hin, dass hier alle Menüpunkte zur Verfügung stehen und keine ausgeblendet sind. Wer keinen großen Bildschirm hat, der sollte vielleicht gleich auf

Erweitert mit vollständigen Menüs gehen und hat somit die umfangreiche Funktionsauswahl ohne den Icon-Text. Hinweise am Mauszeiger bleiben.

Diese Rolle wird von nun an im Buch verwendet!

Weiterhin sind einige *Industriespezifische* Rollen hinterlegt und man kann sogar eigene Rollen anlegen (auch mit individuellem Bild).

Um unser eigenes Layout in Rollen abzulegen, steht im Download-Bereich ein Merkblatt zur Verfügung.

Toolbars

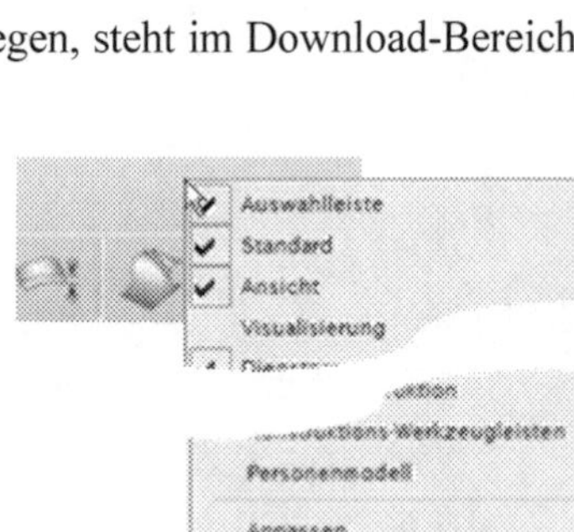

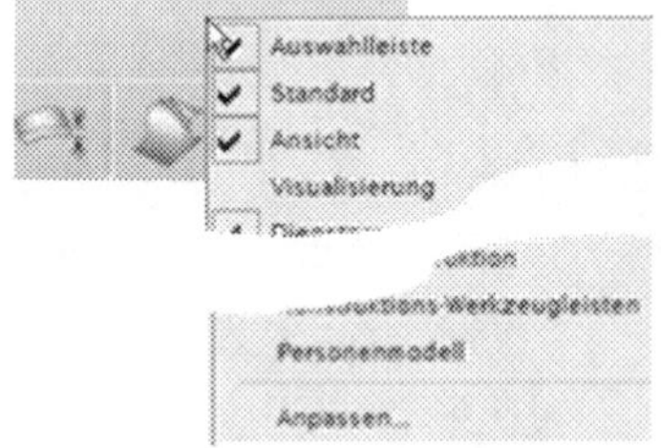

„an- und abdocken“ erfolgt mit LMT auf die linken Rand. RMT auf eine Toolbar oder einen grauen Bereich lässt ein Menü erscheinen. Hier können komplette Toolbars ein- / ausgeblendet werden.

Funktionen in Toolbars

können mit den kleinen Pfeilen am Ende jeder Toolbar individuell konfiguriert werden, wie in der Abbildung zu sehen (oben im Bild ist die Toolbar nicht angedockt, unten angedockt).

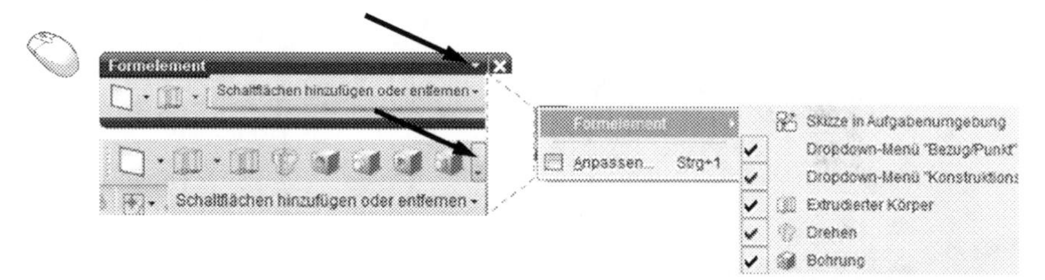

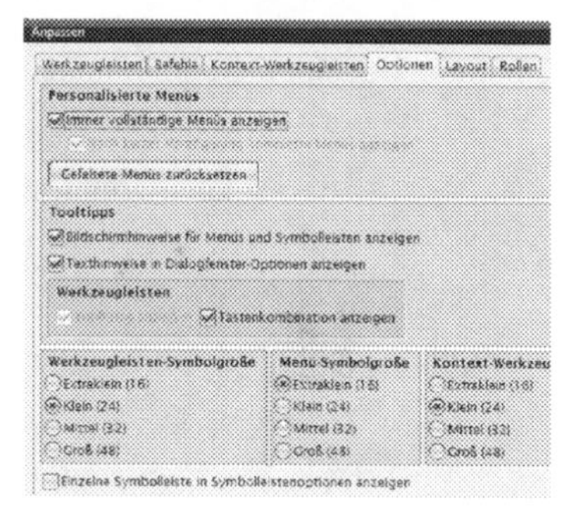

Am unteren Ende des Toolbar-Popup Menüs wird *Anpassen* gewählt und es erscheint gleichnamiger Dialog. Hier kann im Reiter *Optionen* sowie in den anderen Reitern die Darstellung der Benutzungsoberfläche angepasst werden.

Einfach alles ausprobieren. Wir haben ja unsere Rollen der *Systemvoreinstellungen*, mit denen wir diese Einstellungen jederzeit wieder zurücksetzen können.

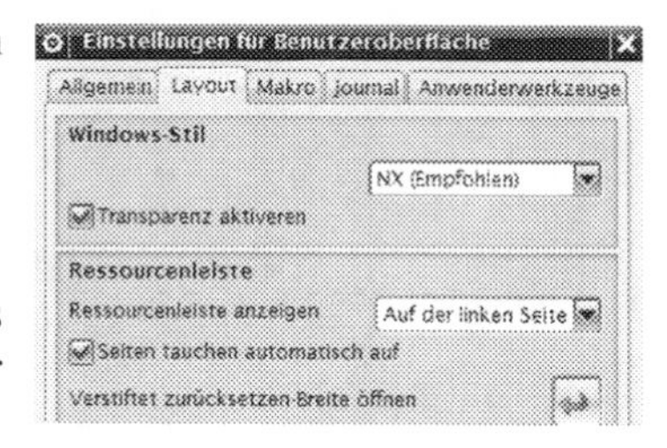

Weitere wichtige Layout-Einstellungen sind in der Menüleiste zu finden.

Voreinstellungen ⇨ *Anwenderschnittstelle…* ⇨ *Layout*

Nun konfigurieren wir uns NX so, dass wir gut arbeiten können. Dann legen wir die Konfiguration in einer Rolle ab.

1.4 Tastatur und Mausbelegung

Die Dezimaltrennung erfolgt durch einen **.** (Punkt) statt einem **,** (Komma).

Wichtige Tastaturbefehle (engl. Short-Cuts) sind sowohl an geeigneter Stelle im Text als auch in Form eines Merkblattes im Download-Bereich verfügbar. Ebenso findet man einige wichtige Short-Cuts neben den Funktionen in den Menüs der *Menüleiste*.

 Mit Maus und Tastatur kann mit ein wenig Übung effizient gearbeitet werden. Um hiermit schnell vertraut zu werden, kann man nun am Modell mit Hilfe folgender Tabelle eine Mausfahrschule absolvieren.

	LMT	Menüs, Geometrie und Optionen selektieren
	MMT (kurz)	Hauptsächlich **OK** und **Anwenden**; Bestätigung bzw. Durchlaufen aller erforderlichen Dialog-Schritte
	Alt+MMT	Abbrechen
	MMT im Grafikbereich halten	Ansicht um allgemeine Achsen rotieren; Befindet sich der Cursor am linken bzw. rechten oder oberen bzw. unteren Rand des Grafikbereichs, wird die Ansicht nur um eine bestimmte Achse gedreht.
	MMT im Grafikbereich auf ein Objekt halten	Ansicht um einen Drehpunkt rotieren (funktioniert nur mit selektierbarer Geometrie).
	MMT+RMT oder Shift+MMT	Ansicht verschieben
	MMT+LMT oder Strg+MMT	In eine Ansicht Zoomen
	Mausrad drehen	Zoom während der Punkt unterm Cursor statisch ist
	RMT auf den Grafikbereich, jedoch nicht auf ein Modellobjekt oder Strg+RMT	(kurz klicken) startet das Ansichten Popup Aktualisieren Einpassen Zoomen F6 Drehen F7 Verschieben zusätzlich wird die Auswahlleiste eingeblendet (lang halten) Mini-Menü zur Darstellung

	RMT auf Objekt	(kurz klicken) startet ein Objekt-spezifisches Popup-Menü	(lang halten) Mini-Menü zur Bearbeitung des Objekts
	LMT Doppelklick	Startet die Standard-Aktion für dieses Objekt	
	RMT in ein Texteingabefeld	Anzeige des Ausschneiden/Kopieren/Einfügen Popups	
	Shift+LMT in eine Listbox	Selektieren fortlaufender Einträge	
	Strg+LMT in eine Listbox	Selektieren/Deselektieren nicht fortlaufender Einträge	

1.5 Darstellung und Ansicht

Neben den Ansichtmanipulationen mit der Maus, sind diese und weitere Befehle in der Toolbar *Ansicht* zu finden, die wir uns jetzt anschauen.

Strg +F

Einpassen dient zur Wiederherstellung der Ansicht, sollte das 3D-Modell aufgrund der soeben ausgiebig getesteten Mausbelegung mal verschwinden oder unangepasst dargestellt sein. Während des Modellierens können etwaige Größensprünge Darstellungsfehler erzeugen (z. B. ein Profil 5x5 auf 10.000 extrudiert). *Einpassen* hilft auch hier.

Perspektive schaltet von der isometrischen in eine perspektivische Ansicht um. Diese Funktion ist hilfreich für größere Modelle.

Darstellung

des 3D-Modells kann auf verschiedene Arten erfolgen. Im Fly-Out Button sind alle Darstellungsmöglichkeiten.

Flächenanalyse und *Teilweise schattiert* werden jetzt noch keine erkennbaren Wirkungen zeigen (dazu noch ein wenig weiterlesen).

Ansichten

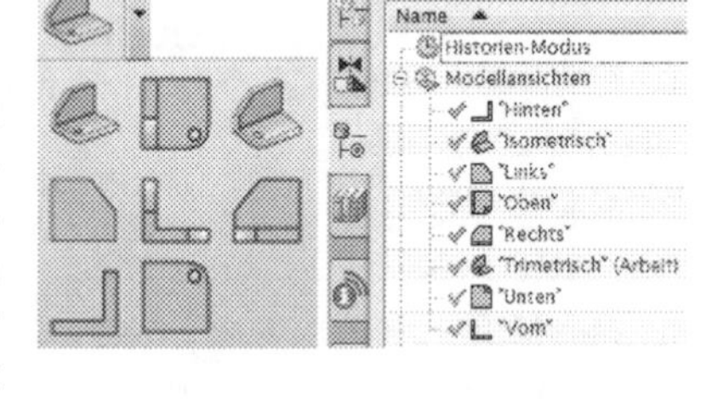

kann man auch in NX viele haben. Die Standardansichten sind über den Fly-Out Button erreichbar. Gleichzeitig werden im Teile-Navigator (Kapitel 2.6) alle im Modell verfügbaren Ansichten angezeigt und sind über Doppelklick aufrufbar. Der Nachsatz (*Arbeit*) zeigt die aktive Ansicht an.

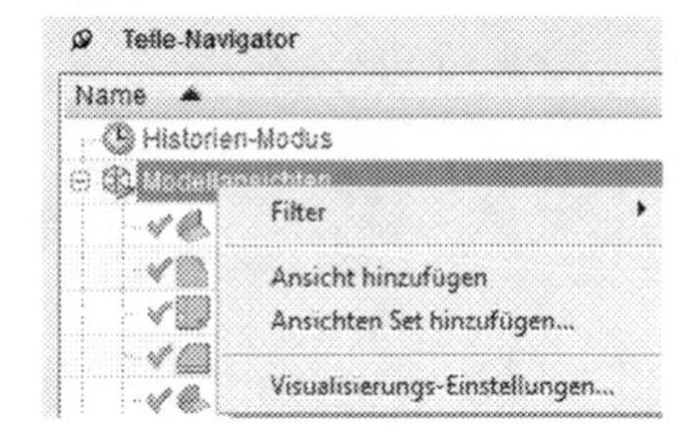

Ansichten können individuell abgespeichert werden. Dazu im Teile-Navigator RMT auf *Modellansichten* ⇨ *Ansicht hinzufügen.*

Bei einer Vielzahl von Ansichten ist die Gruppierung empfehlenswert

…⇨ *Ansichten Set hinzufügen …*

F8 dreht die Modellansicht ohne vorhandene Selektion in die nächste orthogonale Ansicht bzw. parallel zur selektierten Fläche oder Ebene.

Ansichtslayout

ändern, beinhaltet die Darstellung mehrerer Ansichten im Grafikbereich. Menüleiste *Ansicht* ⇨ *Layout* ⇨ *Neu…* bzw. *Öffnen…* bietet individuell einstellbare oder vordefinierte Layouts.

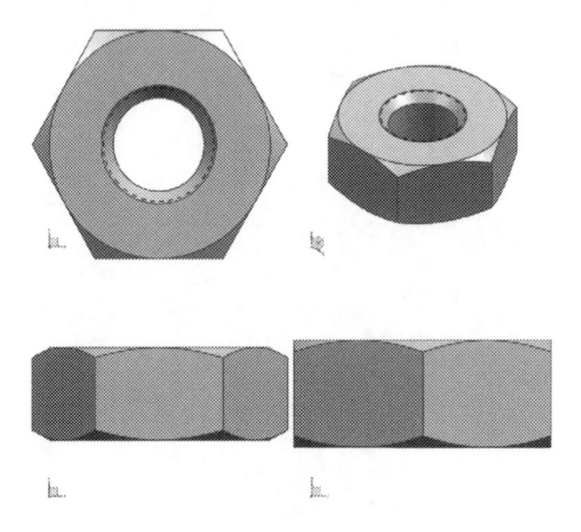

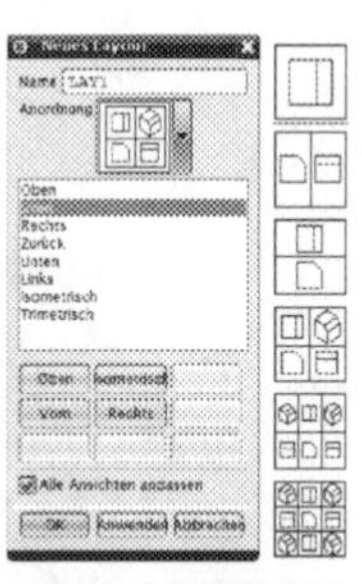

Kameras

erfassen die Einstellungsparameter der Arbeitsansicht. Es können mehrere Kameras zu einer Ansicht definiert werden, es kann jedoch nur eine aktiv sein. Kamera-Einstellungen beinhalten auch Parameter für das Rendering (hochqualitative Bilder), wo der Kamera-Einsatz sehr sinnvoll ist.

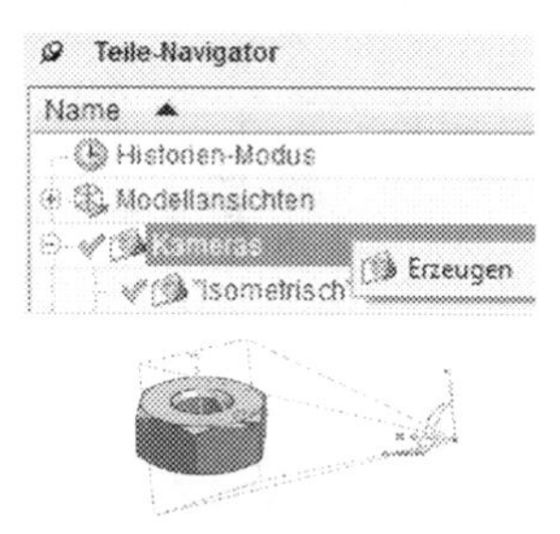

Mit RMT auf *Cameras* im Teile-Navigator erzeugt neue Kameras.

Im darauf erscheinenden Dialog kann man nun alle Einstellungen einmal testen. Die Koordinatensysteme für Kamera- und Zielposition sind mit „Handles" versehen, die intuitiv verschoben werden können. Mehr zum Objektfang und Handles in Kapitel 2.3.

Kameras können <u>nicht</u> für eine spätere Zeichnungserstellung verwendet werden, Ansichten erlauben dies.

Schnitt

stellt das Volumenmodell direkt im Grafikbereich geschnitten dar. Die Schnittoptionen sind im Menü einzustellen. Über Handles können die Schnittebenen positioniert werden. Alles ausprobieren!

Strg +H

Kontur umschalten stellt den Körper geschnitten oder ungeschnitten dar.

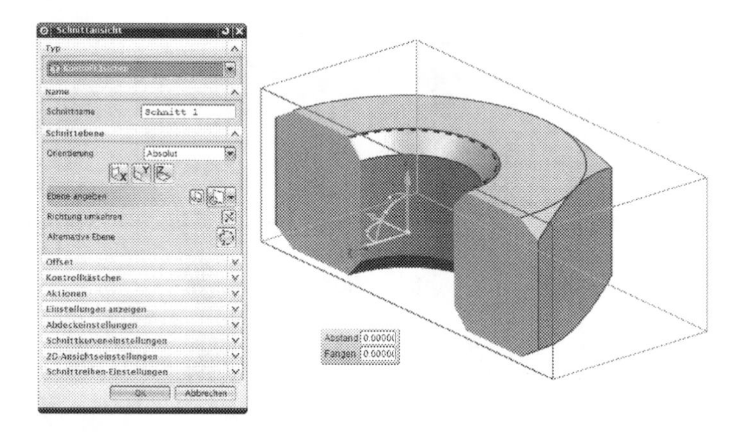

Schnitte sind für die Analyse während der Modellierung sehr hilfreich, da hier Konstruktionen schnell auf Fehler untersucht werden können. Während der Modellierung der Beispiele verweisen wir an geeigneter Stelle auf Details dieser Funktion erneut.

Strg +J **Objektdarstellung**

sind neben der Farbe auch Kantendarstellung, Transparenz, Schattierungseigenschaften usw.

Menü ⇨ *Bearbeiten* ⇨ *Objektdarstellung* ⇨ *Klassenauswahldialog (optional)* ⇨ Objekt wählen (z. B. den Volumenkörper unseres Beispiels) ⇨ Dialog erscheint

⚠ Achtung, im Klassenauswahldialog kann auch nach Farbe ausgewählt werden. Die Auswahl nach Farbe ändert nicht die Farbe des Objekts. (Dialogüberschriften beachten!)

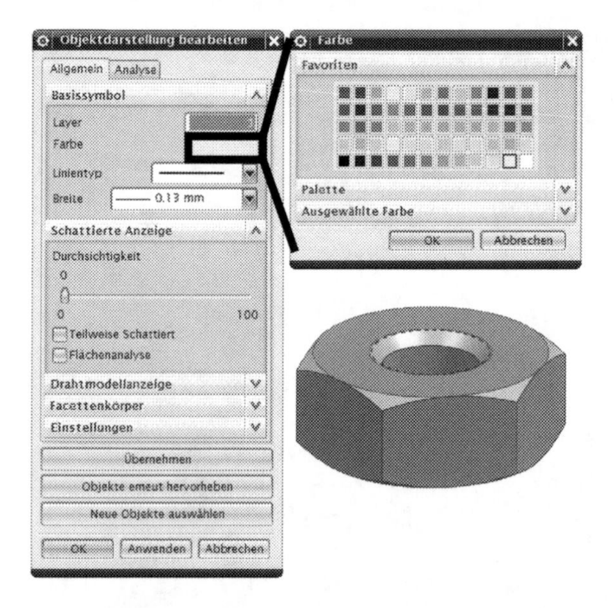

Mit diesem Dialog können die Darstellungseinstellungen der selektierten Objekte vorgenommen werden. Zum Ändern der Farbe auf das Farbfeld klicken. Auch hier wieder einfach alles ausprobieren.

Die Option *Teilweise schattiert* funktioniert nur, wenn wir im Klassenauswahldialog den Filter auf Fläche setzen, Flächen selektieren und dann in den Darstellungsmodus *Teilweise schattiert* wechseln (siehe nächstes Kapitel).

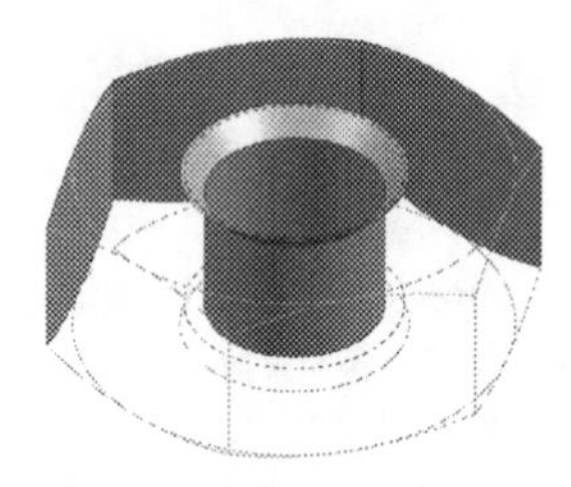

Visualisierungsvoreinstellungen

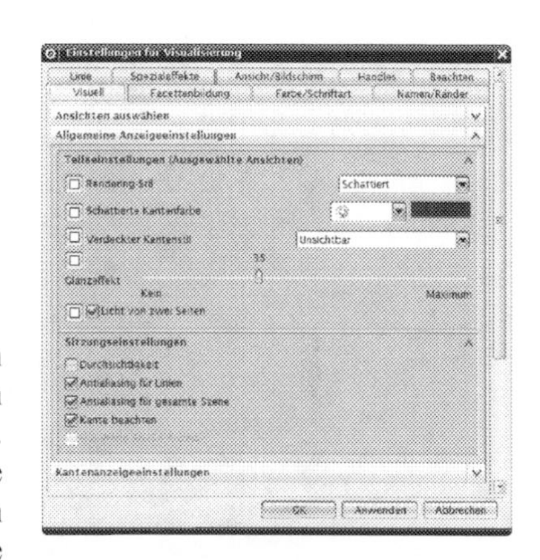

können wir unter Menü ⇨ *Voreinstellungen* ⇨ *Visualisierung*... und ⇨ *Visualisierungsleistung*... vornehmen. Änderungen werden mit *Anwenden* bestätigt.

Hier sind Dialoge mit sehr vielen Karteireitern hinterlegt, in denen sehr viel eingestellt werden kann. Bitte ein wenig ausprobieren. Die Einstellungen die hier vorgenommen werden sind Bauteil-spezifisch. Die Verwaltung der globalen Voreinstellungen ist im Kapitel 6 näher beschrieben.

Gitter

können wir ebenfalls anpassen Menü ⇨ *Voreinstellungen* ⇨ *Gitter*....

Hier kann z. B. ein Raster für die Konstruktion konfiguriert werden.

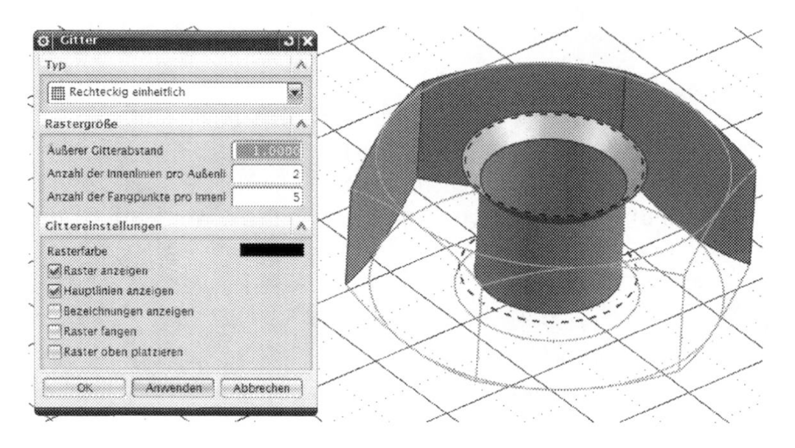

2 Struktur von CAD-Modellen

Ein gut strukturiertes CAD-Modell bildet eine wesentliche Grundlage für die durchgängige Produktentwicklung. Durch Iterationen zwischen vor- und nachgelagerten Bereichen der Konstruktion ist das CAD-Modell zahlreichen Änderungen unterworfen (siehe Abbildung). Damit keine Datenverluste bei Änderungen und keine aufwändigen Nacharbeiten auftreten, sollte das CAD-Modell von der Erstellung bis über die Fertigungsfreigabe hinaus konsistent bleiben.

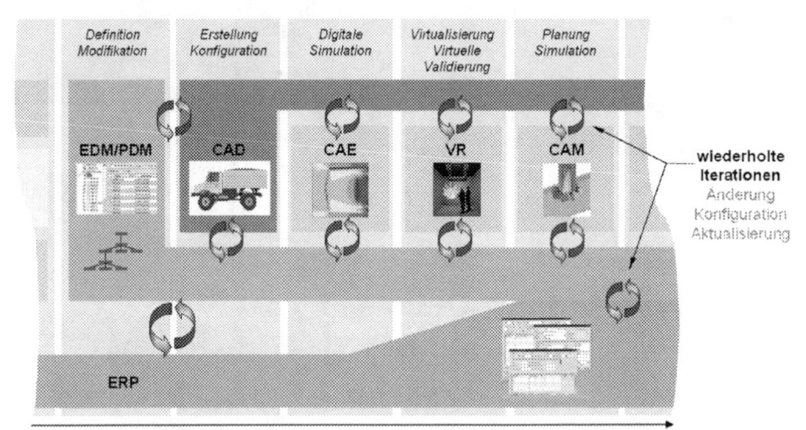

2.1 Modellstruktur

Technische Produkte bestehen in der Regel aus Baugruppen und diese wiederum aus Komponenten oder Unterbaugruppen. Die Komponenten (bzw. Bauteile/Einzelteile) bestehen aus einer Vielzahl von Formelementen, die im konstruktiven Prozess miteinander kombiniert werden. Die einzelnen Formelemente, wie z. B. Zylinder, Fase oder Bohrung bestehen aus Geometrieelementen (vgl. folgende Abbildung), auf die wir jetzt eingehen.

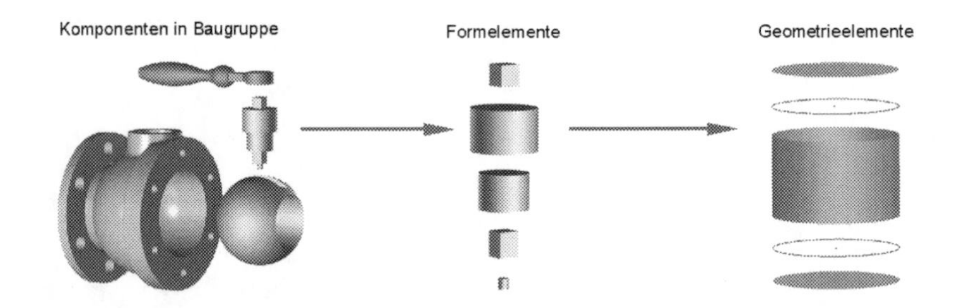

2.2 Geometrieelemente

In NX klassifizieren wir verschiedene Geometrieelemente. Die Kenntnis dieser Klassen ist wichtig für das Verständnis der Definition eines CAD-Modells. In unserem Beispielteil können folgende Geometrieklassen enthalten sein (Liste nicht vollständig):

Selbständig existent

- Volumenkörper (engl. solid)
- Flächenkörper (engl. sheet)
- Kurven (engl. curves)
  z.B. Linie, Kreis, Leitkurve, Skizzenkurven
- Punkte (engl. point oder vertex)
- Bezugsgeometrie als Modellierungshilfen (engl. datums)

Nur zugehörig existent

- Flächen (engl. faces)
- Kanten (engl. edges)
  z.B. Flächen- und Körperkanten
- zugehörige Punkte
  z.B. Eck- und Mittenpunkte
- Formelemente (engl. feature, Abk. FE)
  z.B. Bohrung, Nut, Tasche, Knauf, Extrusion, Skizze

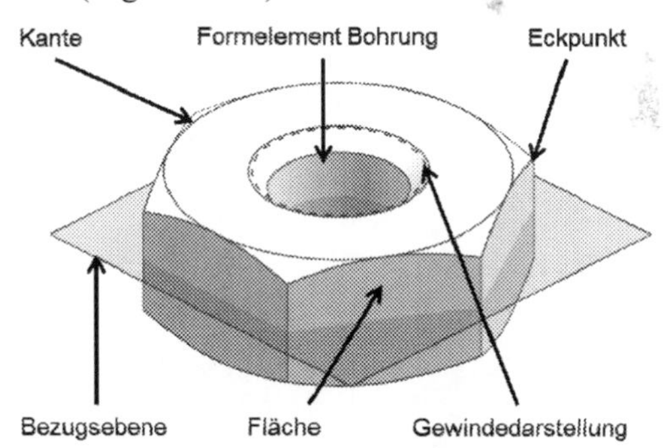

Abhängigkeiten

der Geometrieelemente untereinander sind in NX die Basis für den Aufbau parametrisierter Modelle. Am Beispiel der dargestellten Mutter ist die kreisförmige Deckfläche gleichzeitig Platzierungsfläche für die Bohrung und der Mittelpunkt der Kreiskante von der Deckfläche der Positionierungspunkt für die Bohrung.

Es ist zu erkennen, dass Geometrieelemente aufeinander **referenzieren**. Wird die Deckfläche in Ausrichtung oder Position geändert, wird auch die Bohrung geändert.

Die Anzahl der Geometrieelemente nimmt während des Arbeitens mit NX schnell zu. Leider steigt damit auch die Modell-Komplexität und es sinkt die Möglichkeit der freien Manipulation.

Schauen wir kurz auf den abgebildeten Quader mit einer Durchgangsbohrung. Wir summieren einmal die soeben vorgestellten **Geometrietypen**:

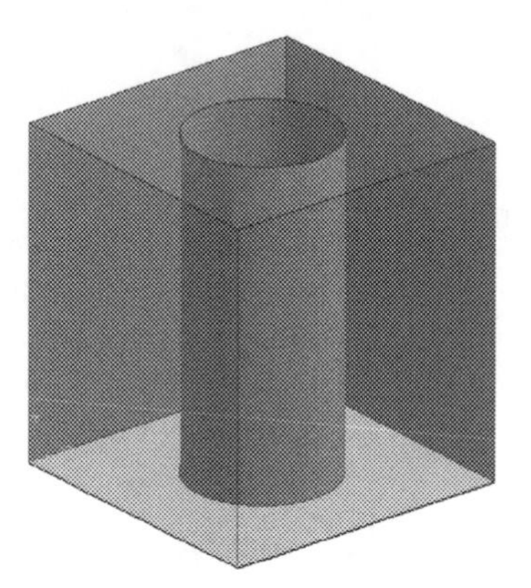

1 Volumenkörper

2 Formelemente (Block & Bohrung) inkl. Formelementparameter

7 Flächen

14 Kanten (2 davon Kreiskanten)

36 definierte Punkte der geraden Kanten (Anfangs-, Mitten- und Endpunkt)

10 definierte Punkte der Kreise (Mitten- und Quadrantenpunkte)

Σ 70 definiert wählbare Elemente

sowie eine unendliche Anzahl nicht definiert wählbarer Punkte an den aufgezählten Elementen (z. B. besteht eine Kante theoretisch aus unendlich vielen Punkten).

2.3 Auswahl von Geometrieelementen

Die große Anzahl unterschiedlicher Geometrieelemente und -klassen (selbst bei einfachen Geometrien, wie oben gezeigt) verlangt geeignete Hilfsmittel und Werkzeuge für die gezielte Auswahl.

Cursor und QuickPick

sind zwei Auswahlverfahren, die direkt am Mauscursor aufgerufen werden. Einfach auf das betreffende Objekt mit LMT klicken bzw. durch Ziehen eines Rahmens um die entsprechenden Objekte. Das direkte Klicken erweist sich oft als einfachste, aber oft ungenaue Auswahl.

Ist die Auswahl mittels Cursor nicht eindeutig, so erscheint beim „Stillhalten" der Mausposition auf dem entsprechenden Objekt der *QuickPick* Cursor (an den drei Punkten erkennbar) und bei LMT der *QuickPick* Dialog. Dieser ermöglicht das „Blättern" durch die vorhandenen Auswahlmöglichkeiten. Die Buttons in der Leiste im Dialog sind Filter für die Geometrieelemente in der darunter liegenden Liste.

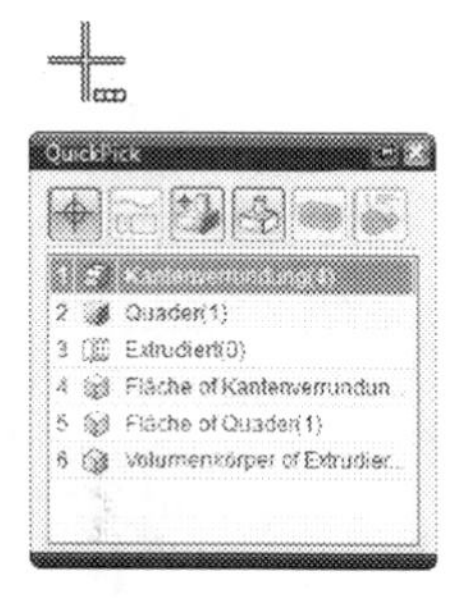

Toolbar Auswahl (Typenflter)

ist für die allgemeine Selektion von Geometrie nach Klasse bestimmt. Hier sind kontext-sensitive Filter in Form von Drop-Down Listen enthalten, d.h. je nach aufgerufener Funktion variieren die Filter, da jede Funktion andere Geometrieeingaben verlangen kann (*Auswahl* anpassbar wie jede Toolbar)

Anpassen DropDown hierfür auf dem Bildschirm ganz weit rechts!

Ohne Funktion stehen alle möglichen wählbaren Geometrieelementtypen in der Liste. Aber für eine Trimmoperation ist bspw. die Auswahl von Körpern und Flächen relevant, während für eine Verrundung die Auswahl nur für Kanten aktiv ist.

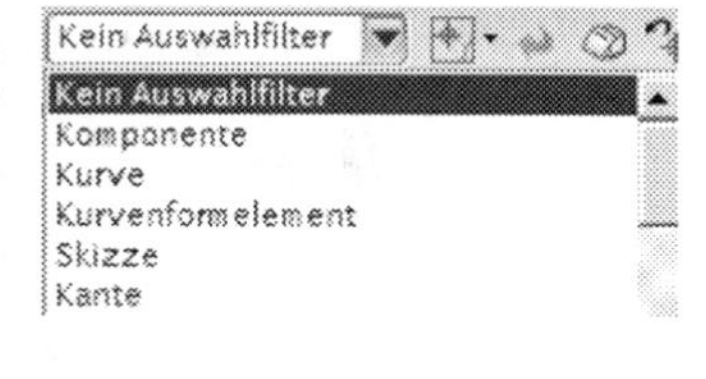

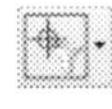

Neben Geometrieelementklassen kann auch nach Objekteigenschaften z. B. Farbe gefiltert werden. Hierzu alle Filter einmal an unserem Beispielteil ausprobieren. Definierte Filter werden beibehalten, können aber jederzeit wieder aufgehoben werden.

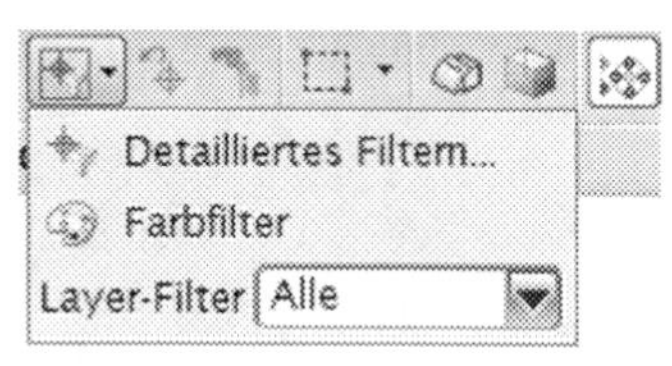

Kurvenregel

ist die kontext-sensitive Erweiterung der Toolbar *Auswahl* um verschiedene Drop-Down-Listen und Buttons bei der Aktivierung von Funktionen. Hier sind verschiedene Selektions-Modi aufgeführt, z. B. für die Rundung die Auswahl *tangentialer Kurven* (die eigentlich Kanten sind) oder aller *Körperkanten.* Dies reduziert die Anzahl notwendiger Klicks erheblich, z. B. beim Verrunden aller Körperkanten auf einmal (sinnvoll bei Gussteilen).

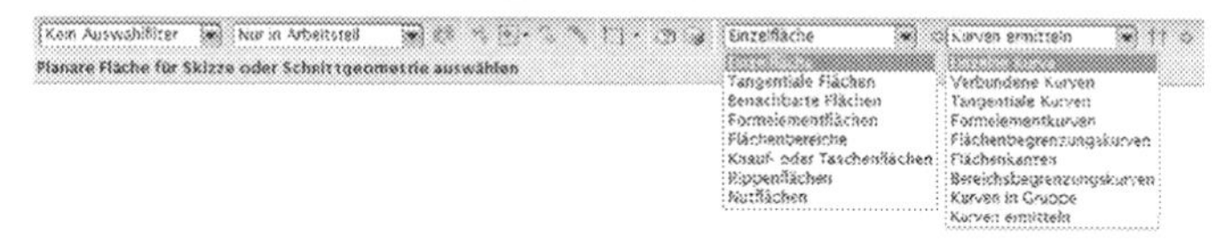

Punktefang

ist ebenfalls eine Erweiterung der Toolbar *Auswahl,* wenn Punktselektionen notwendig sind. Hierzu sind Filter auf der Toolbar, die unabhängig voneinander ein- und ausgeschaltet werden können.

Am besten den Punktefang am Beispiel einer Linienerzeugung an der Beispiel-Baugruppe ausprobieren. Darauf achten, welche Geometrieelemente welche Punkte zur Auswahl geben und wie die Filtereinstellungen wirken.

Im weiteren Verlauf werden an den Übungsbeispielen stets kurz die Einstellungen zur Auswahl mit angegeben.

Auswahlpriorität

von Geometrieelementen spezifiziert den Geometrietyp des Objekts, welches zuerst am Cursor gefangen werden soll. Die Priorität kann schnell in der Werkzeugleiste *Auswahl* erreicht werden (Diese Option muss evtl. in der Toolbar *Auswahlleiste* einblendet werden).

Hier sind auch Tastatur-Short-Cuts für die schnelle Auswahl hinterlegt.

Formelement (Shift + F)

Fläche (Shift + G)

Körper (Shift + B)

Kante (Shift + E)

Komponente einer Baugruppe (Shift + C)

Klassenauswahl

ist ein Dialog, der detaillierte Auswahlmöglichkeiten bietet. Darüber hinaus können wir hier Filter erstellen, die uns beim Auswahlprozess vor dem Ausführen einer Funktion helfen können (z. B. die Auswahlliste *Typenfilter* stellt alle Geometrietypen bereit oder *Farbfilter* filtert die Objektauswahl nach Farbe)

Der Klassenauswahldialog ist vielen Geometrieobjekte verlangenden NX-Funktionen vorgeschaltet. Während des Selektierens werden in der Status-Zeile weitere Informationen zu den Objekten angezeigt.

2.4 Ein- und Ausblenden von Geometrien

Strg +B

Ausblenden (Umkehrung ist **Zeigen** oder **Einblenden** *Strg+Shift+U*) von Objekten dient der einfachen Bearbeitung und Übersichtlichkeit während des Modellierens (z. B. wenn Objekte im Fokus stehen, jedoch für die aktuelle Funktion bestimmte Objekte verdecken).

Ausblenden bedeutet, dass das betreffende Element aktiv, jedoch nicht mehr sichtbar ist. Menü ⇨ *Bearbeiten* ⇨ *Anzeigen und Ausblenden* ...(hier alle Optionen einmal ausprobieren). Im Teile-Navigator werden ausgeblendete Elemente in grauer Schrift angezeigt. Ausgeblendet werden nur zusammenhängende Objekte. So können wir einen Volumenkörper oder eine Bezugsebene separat ausblenden.

Eine Bohrung in einem Volumenkörper können wir nicht separat ausblenden, da diese Bestandteil des Körpers ist. Dies können wir nur durch die Funktion *Unterdrücken* erreichen (vgl. Kapitel 2.6). Im Formelement-Navigator wird das unterdrückte Formelement grau dargestellt.

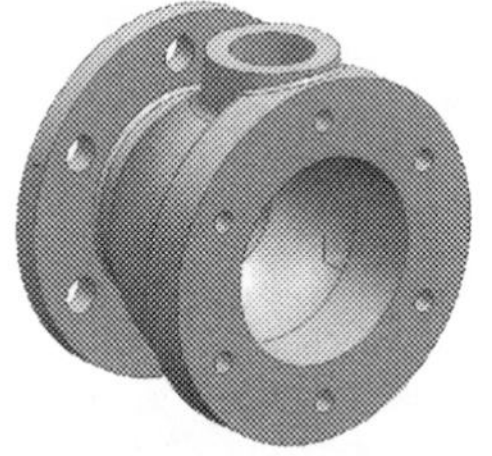

Arbeitsbereich mit ausgeblendeten Elementen

Ansichten der ausgeblendeten Elemente *(Strg+Shift+B)*

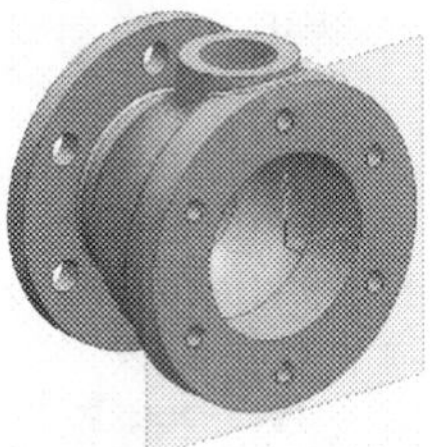

Alle Elemente eingeblendet (*Strg+Shift+U*)

2.5 Layer

Die Layertechnik ist eine wichtige Methode, die zur **Übersichtlichkeit** und **Strukturierung** in unseren Modellen beiträgt. Auf einem Layer (auch 3D-Folie oder Schicht) werden Geometrieelemente abgelegt. Die vollständige Darstellung sämtlicher im Modell enthaltenen Elemente ergibt sich aus dem „Übereinanderlegen" (Aktivieren) von allen belegten Layern. Dies wäre bei komplexen Modellen nicht mehr überschaubar. Daher werden im Laufe unserer Arbeit nur gerade im Fokus stehende Layer mit Geometrie eingeblendet. Der Rest bleibt auf absichtlich ausgeblendeten Layern verborgen.

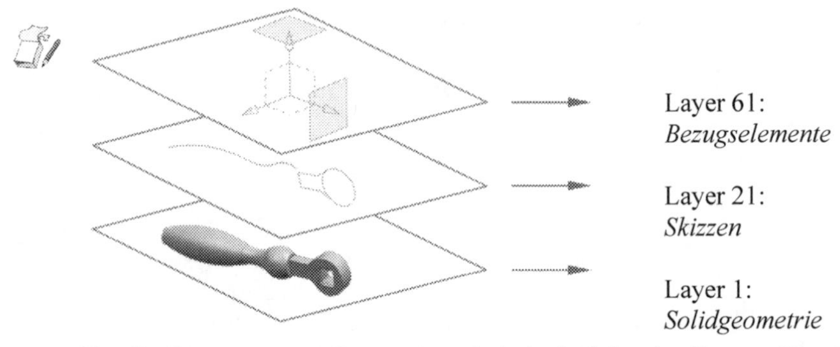

Für die Benutzung von Layern besteht kein funktionaler Zwang. Dennoch werden wir in den nachfolgenden Übungsbeispielen stets auf die Einhaltung der Layerkonventionen hinweisen. NX verwaltet pro Modell bis zu 256 verschiedene Layer, wobei jedem Layer ein bestimmter Name und ein Status zugewiesen werden kann. Für ein strukturiertes Modell werden die Layer kategorisiert, d. h. nur definierte Layernummern sollten für bestimmte Geometrien genutzt werden.

Eine beispielhafte Kategorisierung findet man in nachstehender Tabelle. Somit kann sichergestellt werden, dass alle Modelle die gleiche Layerstruktur aufweisen und ein einheitliches Arbeiten auch über Abteilungen und - besonders kritisch - über die Zeit hinweg gewährleistet ist.

Layer-Einstellungen

(Menü ⇨ *Format* ⇨ …)

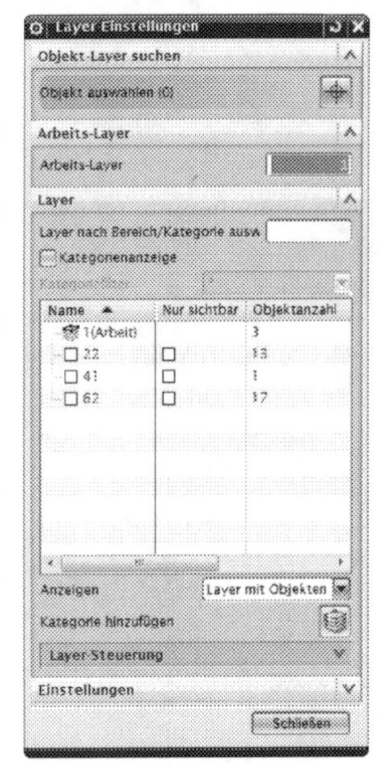

Strg +L

nehmen wir über den nebenstehenden Dialog vor. Als erstes ist der aktive Layer (Arbeits-Layer oder Work Layer) zu sehen. Es kann jeweils nur ein Layer als Arbeits-Layer definiert sein. Die Layer können kategorisiert werden. Diese Kategorien können individuell festgelegt werden und dienen als Filter.

In der Liste der Layer werden alle Layer angezeigt. Filtereinstellungen können im darunterliegenden Drop-Down-Menü und den Schaltern gesetzt werden.

Abweichend von u.g. Tabelle sind im Beispielteil nur Layer 1 und 2 belegt.

Layerstatus

kann über die vier Buttons innerhalb der Layer-Steuerung gesetzt werden. Dazu wird der

Layer in der Liste ausgewählt. Der Status wird sofort gültig.

Auswählbar (selectable) - Layer eingeblendet und Objekte selektierbar

Arbeit (Work) - Ablage für neu erzeugte Objekte, selektierbar

Unsichtbar (invisible) - Objekte nicht sichtbar, ausgeblendet

Nur sichtbar (visible) - Objekte sichtbar, aber nicht selektierbar

Nachfolgende Tabelle zeigt eine mögliche Aufteilung der verfügbaren Layernummern.

Layer No.	Objekttypen	Layer No.	Objekttypen
1 – 100	Alle Objekte des 3D Modells	81 - 100	Flächen
1 – 20	Volumenkörper	101 – 110	Zeichnungsobjekte
21 – 40	Skizzen	111 – 120	Zeichnungsrahmen/ Schriftfeld
41 – 60	Kurven	190	Produktumriss
61 – 80	Bezugselemente	240	Zeichnung

Toolbar Dienstprogramm oder Menü ⇨ *Format* ⇨ …

beinhaltet weitere Funktionen für die Nutzung von Layern (die nachfolgenden Funktionen müssen in der Toolbar eingeblendet werden).

Arbeits-Layer

zeigt den aktuellen Arbeits-Layer an und ermöglicht schnelles Wechseln mittels Pull-Down-Menü oder direkter Eingabe in das Feld und *Enter*.

Layer in Ansicht sichtbar *(Strg+Shift+V)*

definiert sichtbare Layer in ausgewählten Ansichten (vgl. Kapitel 1.5). Diese Funktion wird uns in der Zeichnungserstellung wiederbegegnen.

Auf Layer verschieben

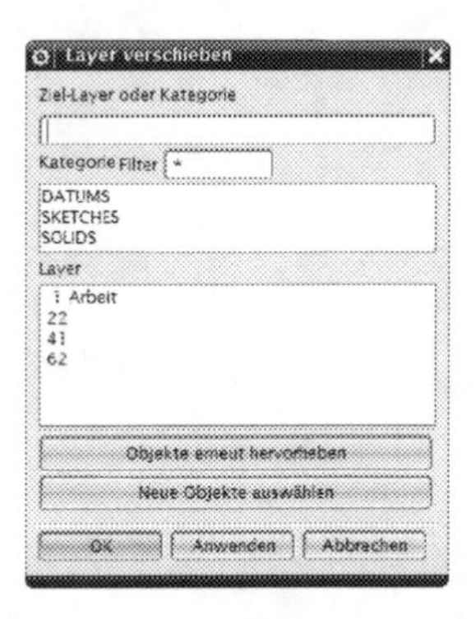

verschiebt gewählte Geometrieelemente auf einen definierten Layer.

Beim direkten Aufruf der Funktion ist der *Klassenauswahldialog* vorgeschaltet. Dieser entfällt, wenn bei Funktionsaufruf bereits Geometrie selektiert ist

Nachdem Geometrie selektiert ist, wird einfach in die Zeile *Ziel-Layer oder Kategorie* die Layer-Nummer eingegeben und mit *Enter* bestätigt. Wir können jetzt den Körper unserer Beispiel-Mutter auf Layer (2) verschieben.

Auf Layer kopieren

verschiebt nicht, sondern kopiert gewählte Elemente auf einen Layer.

2.6 Teile-Navigator

Bevor wir jetzt mit dem Modellieren beginnen, werfen wir noch einen Blick auf den Teile-Navigator - der Darstellung unseres Modellstrukturbaums mit zeitlichen und referenziellen Abhängigkeiten. Wir sollten diesen Navigator stets im Blick haben. Dies erreichen wir durch das „Feststecken“ des Pins an der oberen linken Ecke des Navigators oder durch RMT auf das Icon der Ressource-Toolbar und *Undock*. Die Elemente im Teile-Navigator sind anwählbar und über RMT bearbeitbar. Sofern eingeblendete Geometrien dort ausgewählt werden, sind diese im Grafikbereich ebenfalls hervorgehoben. Der Teile-Navigator beinhaltet zwei wesentliche Darstellungsarten unserer Modellstruktur (Beispiel-Mutter aus Kapitel 1.1).

Zeitstempel	Struktur-Abhängigkeit
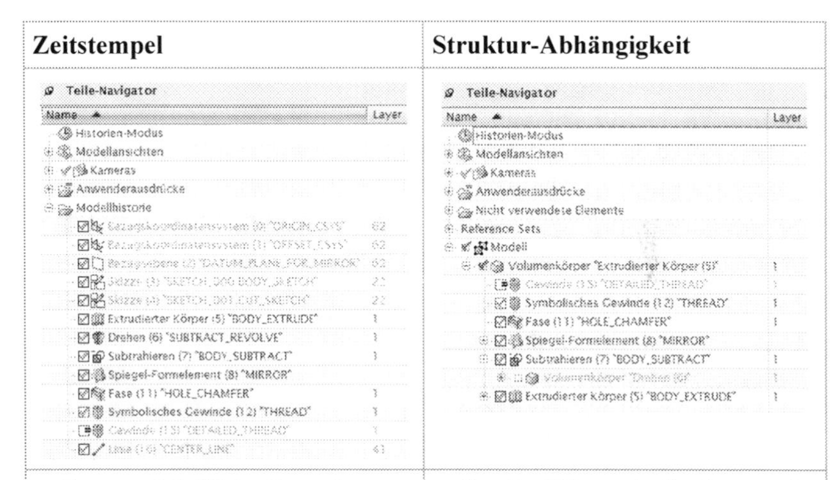	
stellt ausschließlich Formelemente (Features, FE) in der Reihenfolge ihrer Erstellung als Liste dar (für weiteres Arbeiten im Buch empfohlen). Abhängigkeiten werden bei Anwahl eines FEs farbig hervorgehoben.	stellt alle FEs <u>und</u> alle Geometrieelemente mit deren Abhängigkeiten als Baumstruktur dar. Nur in dieser Ansicht werden auch einzelne Kurven von Skizzen dargestellt. Darauf kommen wir bei Skizzen noch einmal zurück.

Abhängigkeiten

zu gewählten FEs kann man auch im dafür vorhandenen Navigator einsehen. Auf den grauen Balken unter dem Teile-Navigator klicken.

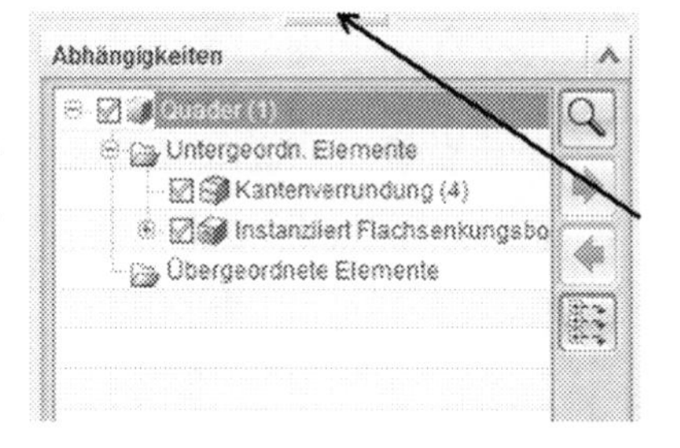

Konfigurieren

kann man den Teile-Navigator über RMT auf den Balken mit *Name*. Dort sind noch viele andere Optionen zur Darstellung und Einstellung erreichbar. Ausprobieren.

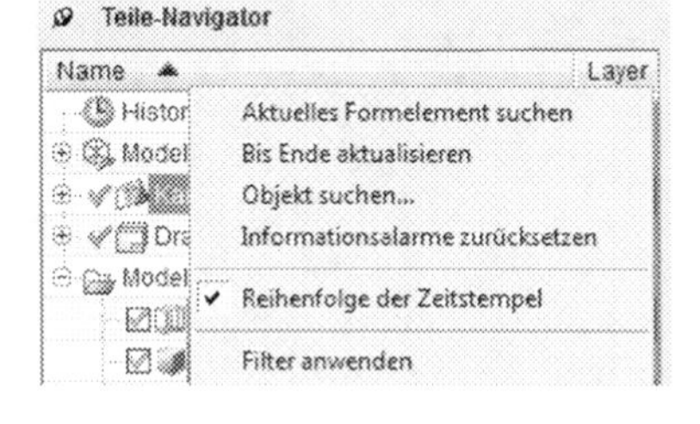

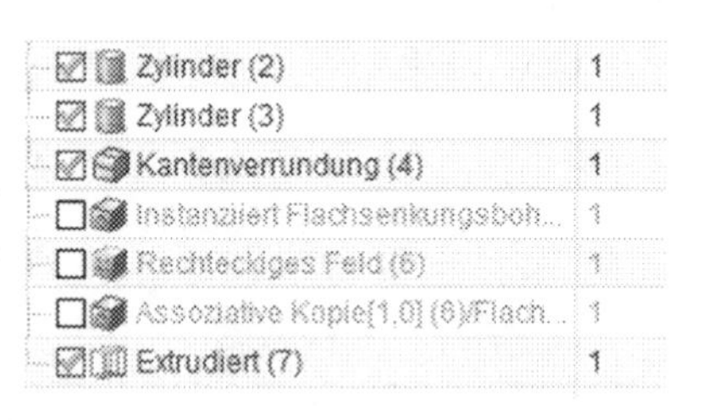

Unterdrücken

bedeutet, dass das betreffende FE und die davon abhängigen Elemente deaktiviert sind. Dafür mit LMT den grünen Haken vor dem FE klicken. Der Zeitstempel bleibt für nachträglich eingefügte Elemente erhalten.

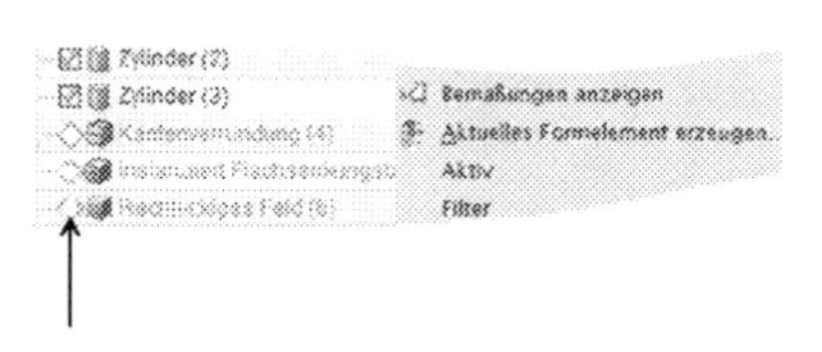

Rollback (Aktuelles FE erzeugen)

bedeutet, dass sowohl die FEs unterdrückt werden, als auch der Zeitstempel auf betreffendes FE zurückgesetzt wird. Erreichbar über RMT auf das FE im Teile-Navigator.

Erkennbar ist dies an der gestrichelten Raute. Neue FEs werden nach dem letzten aktiven FE eingefügt. Die Rollbackoption ist für das Bearbeiten der FEs (normalerweise über Doppelklick im Teile-Navigator) als Standard eingestellt. Wie dies geändert werden kann, sehen wir in Kapitel 0)

Strg +D

Löschen

Beim Ausblenden, Unterdrücken als auch beim Rollback sind die FEs nicht entfernt und können jederzeit wieder aktiviert werden. Nur ein Löschen wird die FEs endgültig verschwinden lassen. RMT im Teile-Navigator ⇨ *Löschen.* Wird ein FE gelöscht, werden auch davon abhängigen Formelemente gelöscht oder deren Referenzen darauf entfernt.

2.7 Boolesche Operationen

Boolesche Operationen

sind in der Mathematik eine algebraische Struktur der logischen Operatoren UND, ODER, NICHT sowie die Eigenschaften der mengentheoretischen Verknüpfungen (hier bezogen auf 3D-Körpergeometrie) von: *Vereinigung*, *Subtraktion* und *Durchschnitt.*

Boolesche Operationen verwenden wir direkt zur Erstellung und Verknüpfung von Volumenkörpern. Indirekt, d.h. nicht sichtbar, nutzen wir diese bei der Verwendung von FEs, wie Tasche, Knauf, Bohrung usw.

3 Arbeiten mit Formelementen

Die ersten Modellierungsschritte in NX probieren wir an technisch einfachen Modellen und steigern uns dann. Die Beispiele zeigen einleitend stets eine technische Zeichnung, auf deren Grundlage wir das Modell aufbauen. Funktionen und Formelemente sind einmalig detailliert erläutert. Bei wiederholter Anwendung werden diese, damit keine Langeweile aufkommt, nur noch kurz angeführt.

In diesem Kapitel befassen wir uns kurz mit dem rein Formelement-basierten Arbeiten ohne Skizzen. In der NX-Praxis sind Mischformen aus Formelement-basierter Modellierung und Skizzen-Modellierung üblich.

NX erlaubt dem Anwender sehr schnell zu arbeiten. Dazu braucht es natürlich etwas Übung und Routine im Umgang mit dem System. Neben den „klickbaren“ Dialog-Menüs oder Icons sind in den Übungen auch stets die Tastenkombinationen und die Mausbelegungen angegeben. Um einen leichten und erfolgreichen Einstieg zu ermöglichen, wird empfohlen (wenn auch anfangs etwas ungewohnt) die Kürzel zu nutzen. Es lohnt sich! Eine Druckvorlage zu den Shortcuts und Mausbelegungen ist im Downloadbereich zu finden.

Für das weitere Arbeiten werden wir zunächst einfache Einzelteile und anschließend Teile unserer späteren Baugruppe Kugelhahn erzeugen. Zur Modellierung der Einzelteile wird zu Beginn jeweils eine Vorgehensweise definiert, die den prinzipiellen Aufbau des Einzelteils wiedergibt. Dann wird detailliert modelliert.

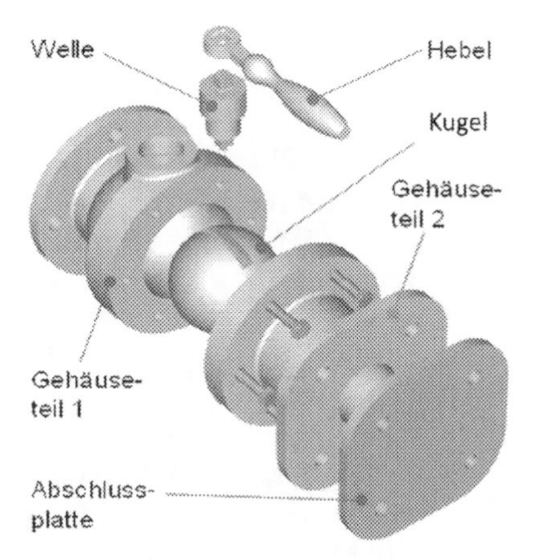

Viel Erfolg dabei. Die fertig modellierten Einzelteile gibt es ebenfalls im Download-Bereich.

Nachfolgenden Winkel erzeugen wir auf die „Klassische“ Formelement-basierende Vorgehensweise.

Diese ist häufig in vielen älteren Modellen anzutreffen und bietet sich bei einer Vielzahl einfacher Modellieraufgaben auch heute noch an. Die komplexere Skizzen-basierte Vorgehensweise sprechen wir in Kapitel 4 an.

3.1 Grundkörper und WCS – Winkel

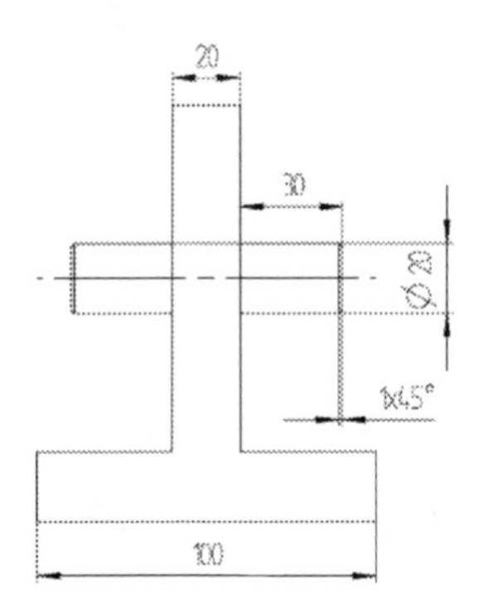

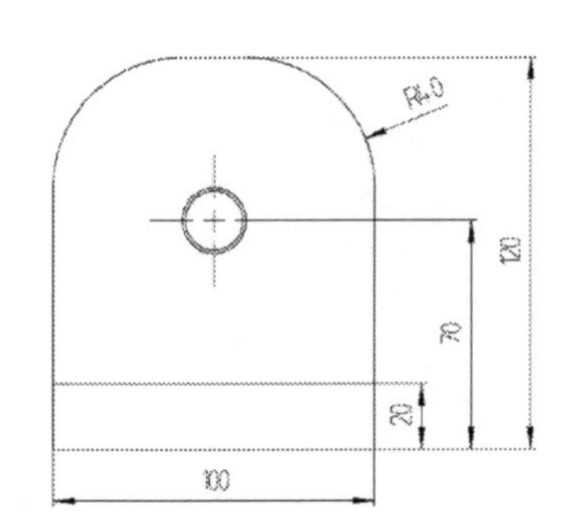

1. *Datei* ⇨ *Neu (Strg+N)*, Schablone *Modell*, Name „*winkel.prt*“

2. *Quader* erzeugen (100x100x20)

⇨ *Einfügen*
⇨ *Konstruktionsformelement*
⇨ *Quader ...*

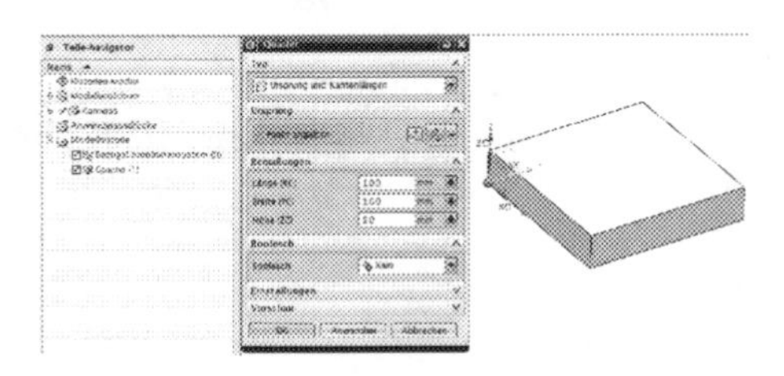

WCS-Dynamik (*Format* ⇨ *WCS* ⇨ *Dynamik*)

W

in der Toolbar *Dienstprogramm* lässt uns das WCS – das Arbeitskoordinatensystem (engl. Work Coordinate System) ändern. Oder wir drücken „W“ und das WCS wird angezeigt und kann über Doppelklick ebenfalls editiert werden. WCS nicht mit dem vorhandenen Koordinatensystem (KOOS) verwechseln.

Ist das WCS aktiv, wählen wir den WCS-Ursprung, dann die dargestellten Punktefangoptionen und bewegen den WCS-Ursprung auf den Mittelpunkt der Körperkante vom Quader.

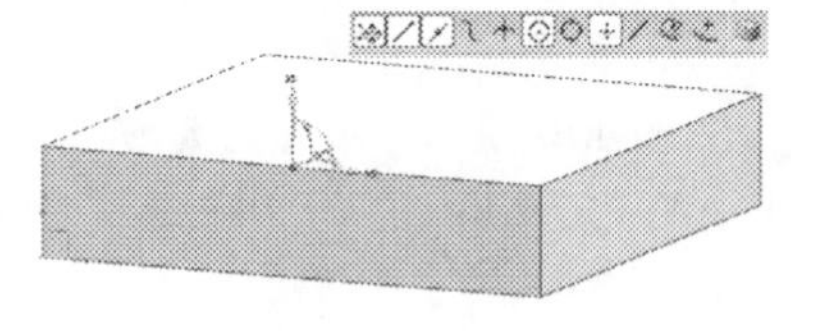

WCS auf Pfeil-Handle XC klicken und Abstand „10“ eingeben.

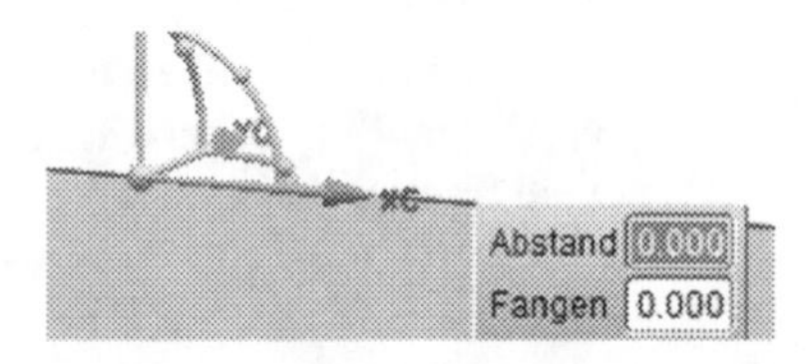

WCS auf Winkel-Handle zur Rotation um YC klicken; Winkel „-90“ oder mit LMT ziehen.

WCS auf Pfeil-Handle XC Doppelcklicken (Richtung wird umgekehrt).

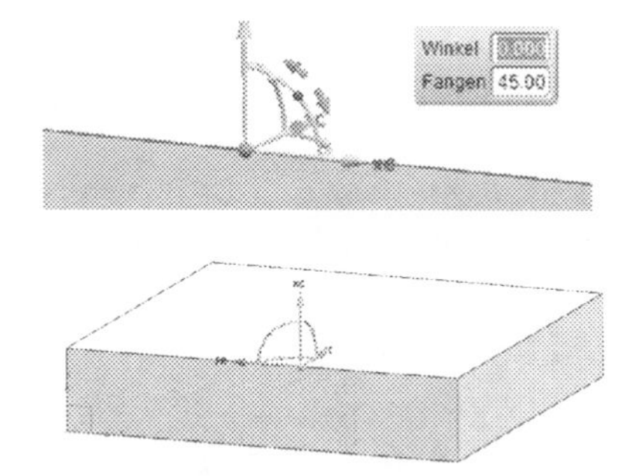

Sollten die Achsen des WCS in irgendeine Richtung zeigen, so kann durch Anwählen des Pfeil-Handles und einem Richtungsvektor-besitzenden Objekt (z. B. Kante, Kurve, Fläche), die Ausrichtung der Achse zum ermittelten Vektor erfolgen. Gleichzeitiges Drücken der *Alt* Taste und bewegen der Handles erlaubt eine Feinpositionierung.

3. *Quader* erzeugen (100x100x20). Sollte *OK* im Dialog nicht aktiv sein, wird ein Ursprungspunkt für den Quader erwartet (siehe *Tippzeile*). Diesen Punkt können wir im *Punktefang-Menü* unter *Punkt-Konstruktor* (0,0,0) eingeben; siehe Icon.

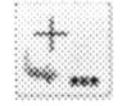

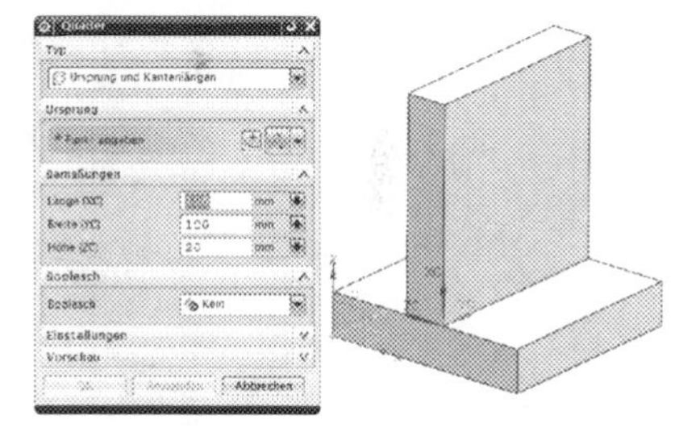

⇨ *Boolesche* Operation*:* Vereinen
⇨ *OK.*

3.2 Formelemente referenzieren/ ändern – Winkel

Nun bringen wir an unserem Winkel einen Knauf (engl. Boss) an, ändern diesen und dessen Referenzen, stellvertretend für alle FEs in NX.

4. *Knauf*
⇨ Platzierungsfläche wählen
⇨ Parameter eingeben
⇨ *OK* oder MMT.

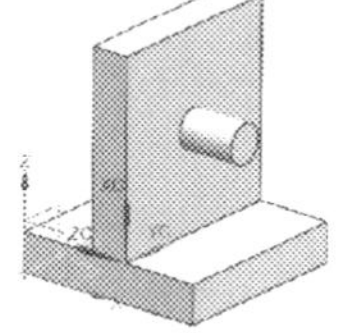

5. Der Positionierungsdialog wird geöffnet. Kreisrunde FEs werden stets zu deren Mittelpunkt bemaßt. Daher wählen wir die Option *Senkrecht* = senkrechter Abstand von einer geraden Kante zu einem Punkt.

6. Nun wählen wir aus unserer Konstruktion zwei Kanten zur Positionierung aus und geben die Abstandsmaße, wie abgebildet, ein. Einfach Kante ⇨ Wert (50), Kante ⇨ Wert (50) eingeben. Erst wenn alle Eingaben getätigt sind auf *OK* klicken.

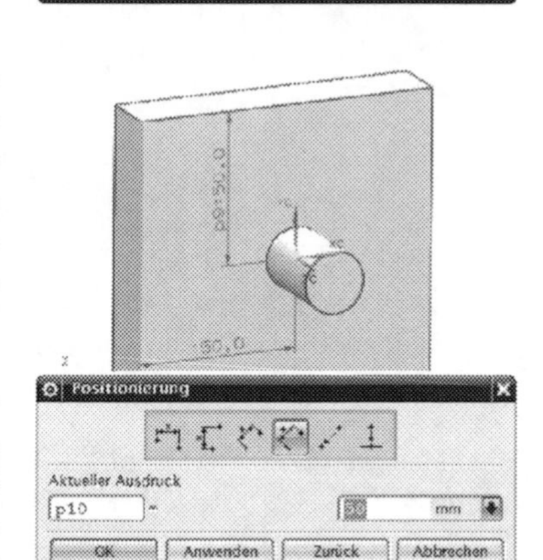

Es kann hier schnell passieren, dass der Positionierungsdialog geschlossen wird, bevor vollständig positioniert wurde. Bitte dazu auf der nächsten Seite zum Thema *Positionierungsreferenzen ändern* weiterlesen und anschließend hierher zurück kommen.

Die hier angegebenen Kanten sind nun Referenzen der Bohrung und unterliegen Modellveränderungen nach dem Zeitstempel. Ändern wir bspw. die
X-Länge unseres Quaders2, wird sich die im Bild obere Kante verschieben und das Positionsmaß des Knaufs zu dieser Kante konstant bleiben. Am Besten wie folgt ausprobieren.

Doppelklick oder RMT auf Quader2 im Teile-Naviagtor ⇨ *Parameter bearbeiten...* ⇨ *Formelement-Dialogfenster* ⇨ *X-Länge* (120) ⇨ *OK*.

Positionierungsreferenzen ändern

Dazu RMT auf das Formelement im Teile-Navigator ⇨ *Positionierung bearbeiten...* ⇨ Dialog erscheint (allgemein und für jedes FE).

Wir können jetzt ein *Maß löschen*, um es zu einer anderen Referenz erneut zu definieren.

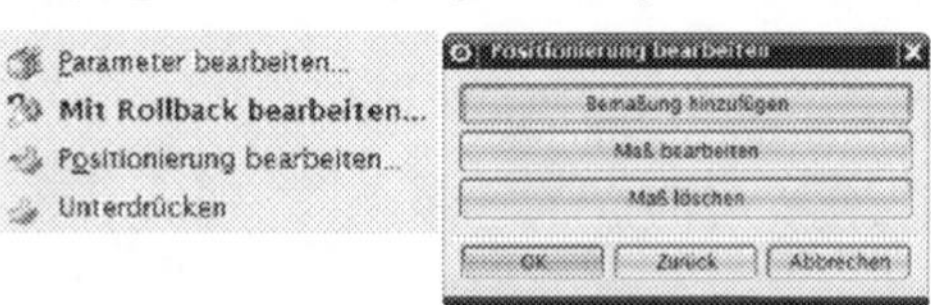

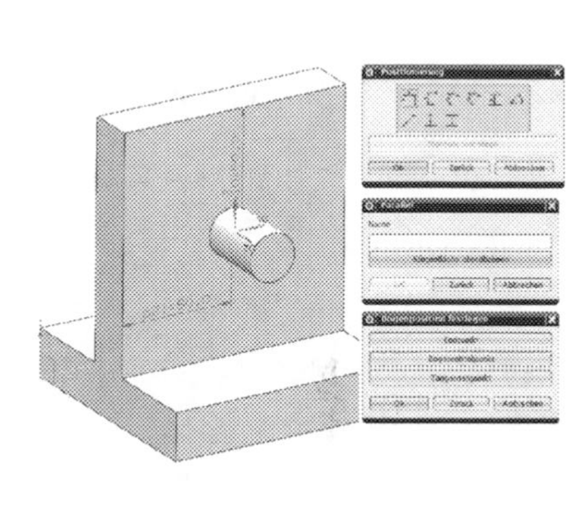

⇨ *Bemaßung hinzufügen*
⇨ *Positionierungstyp wählen* (hier sind alle Möglichen angegeben)

Nun wird eine neue Referenzkante am bestehenden Modell und eine Referenzkante am zu positionierenden Formelement gewählt

⇨ Kreiskante wählen oder
⇨ *Körperfläche selektieren* und Zylinderfläche wählen
⇨ *Bogenmittelpunkt*

Dies dient der Ermittlung des Mittelpunkts aus der Kante o. Fläche.

⇨ *OK* ⇨ Wert eingeben ⇨ *OK* bis alle Dialoge geschlossen sind und das Modell aktualisiert ist.

8. *Fase* ⇨ Kante des Knaufs wählen ⇨ *Querschnitt* (Symmetrisch) ⇨ *Abstand* (3) ⇨ *OK*

Arbeits-Layer auf 61 stellen, Toolbar *Dienstprogramm* oder *(Strg+L).*

9. *Bezugsebene...* einfügen, nacheinander die zwei Körperflächen von Quader2 wählen ⇨ weiterlesen und dann ⇨ *OK* (oder MMT).

Wird nur eine Fläche angewählt, kann hier eine koplanare oder eine Offset-Ebene erzeugt werden. Sind zwei parallele Flächen in der Auswahl, wird eine Ebene erzeugt, die stets assoziativ in der Mitte der beiden Flächen ist, egal wie groß der Abstand zwischen beiden ist.

In der Mathematik sind Ebenen im Raum unendlich groß. Die Handles an der Ebene können nur zur visualisierbaren Größenbestimmung genutzt werden. Der Pfeil in der Mitte der Ebene kann mit Doppelklick umgekehrt werden und stellt die Ebenennormale grafisch dar.

10. *Spiegel-Formelement* wird nun unseren Knauf assoziativ auf die andere Seite unseres Körpers an der erzeugten Ebene spiegeln (vgl. Kapitel 5.2).

⇨ *Knauf wählen*
⇨ *Fase wählen*
⇨ MMT oder im Dialog *Ebene auswählen* klicken
⇨ Ebene auswählen
⇨ *OK* oder MMT.

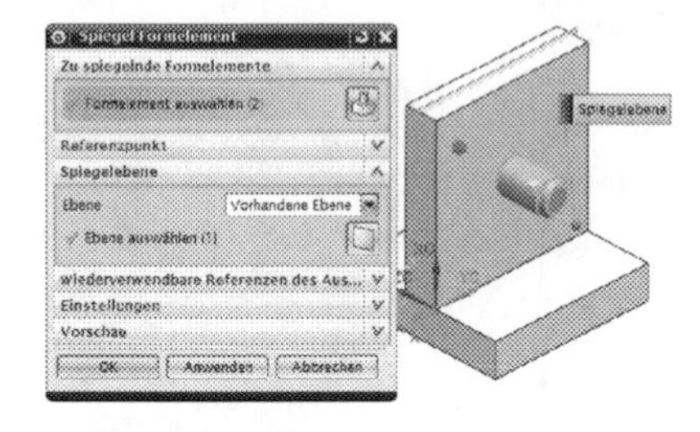

11. *Kantenverrundung*
⇨ Radius (40) eingeben
⇨ *Kurvenregel*: *Einzelne Kurve* ⇨ die zwei zu verrundenden Kanten auswählen
⇨ *OK* oder MMT.

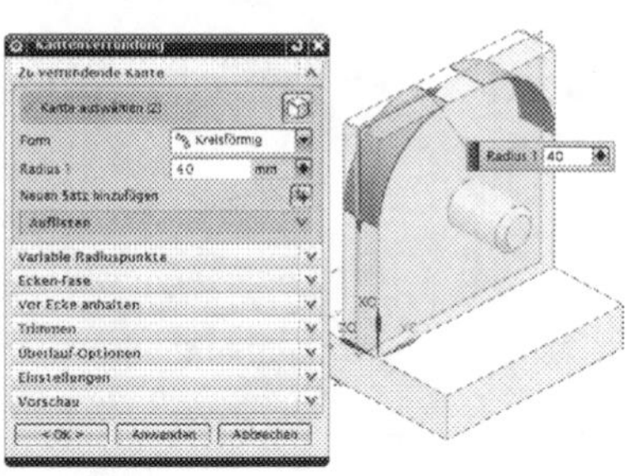

3.3 Formelemente positionieren - Welle

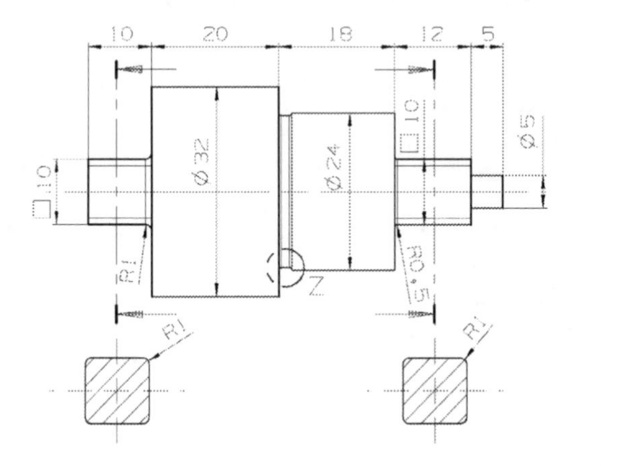

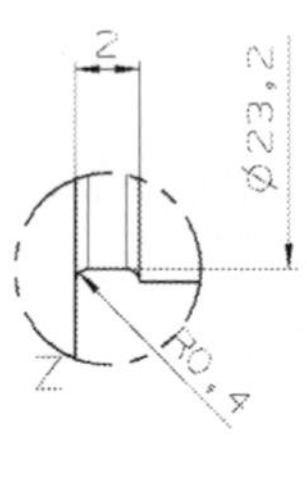

Vorgehensweise

I. Erzeugen eines Zylinders (Z1)

II. Erzeugen und Positionieren der Wellenabsätze als Knäufe (K2, K5) und Polster (P3, P4)

III. Erzeugen des Einstichs (E6) und der Verrundungen

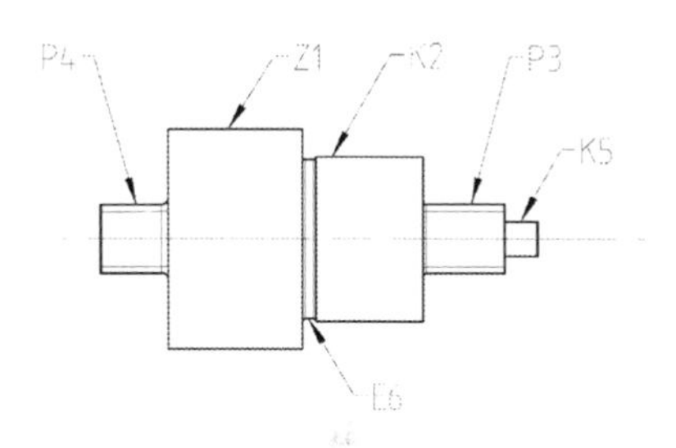

I. Erzeugen des Zylinders (Z1)

1. *Datei* ⇨ *Neu „welle.prt“*

2. *Einfügen*
   ⇨ *Konstruktionsformelement…*
   ⇨ *Zylinder* (Toolbar *Formelement*)
   ⇨ *Vektor* (+Z); *Punkt* (0,0,0)
   ⇨ *Durchmesser* (32); *Höhe* (20)
   ⇨ *OK*

Das Ursprungskoordinatensystem liegt in der Mitte der Zylindergrundfläche.

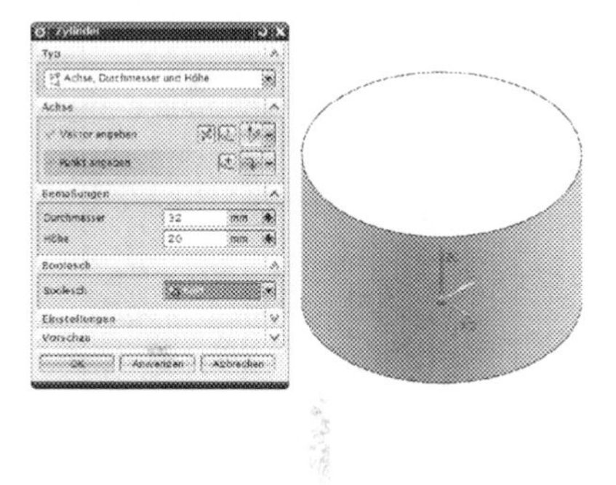

II. Erzeugen der Wellenabsätze als Knäufe und Polster

1. *Knauf* (K2) erzeugen
   ⇨ Stirnfläche des Zylinders wählen
   ⇨ *Durchmesser* (24); *Höhe* (18)
   ⇨ *OK*

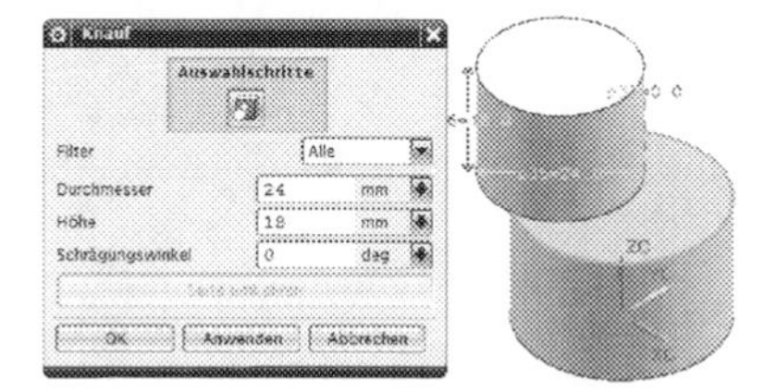

2. *Positionierung*
   ⇨ *Punkt auf Punkt*
   ⇨ Kreiskante des Zylinders (Z1)
   ⇨ *Bogenmittelpunkt*

Der Bemaßungstyp *Punkt auf Punkt* positioniert zwei Punkte in der Ebene der Platzierungsfläche kongruent übereinander. Hier sind Punkt1 der Mittelpunkt des Knaufs (K2), den NX automatisch zur Positionierung heranzieht und Punkt2 der *Bogenmittelpunkt* aus der Kreiskante des Zylinders. Ähnliches Vorgehen finden wir beim Bemaßungstyp *Gerade auf Gerade*.

3. Polster (P3) ⇨ *Einfügen*
⇨ *Konstruktionsformelement...*
⇨ *Polster* (Toolbar *Formelement*)
⇨ *Rechteckig*
⇨ Platzierungsfläche wählen
⇨ Parameter eingeben
⇨ der Pfeil zeigt die Horizontale Referenz an (NX nimmt diese an).

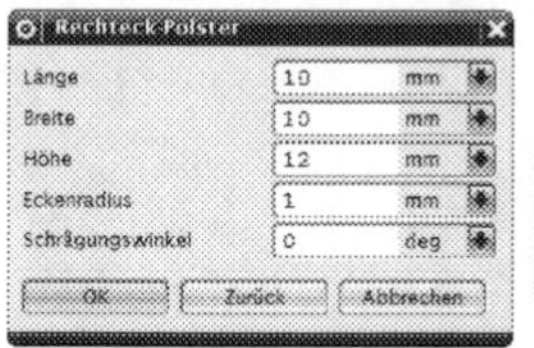

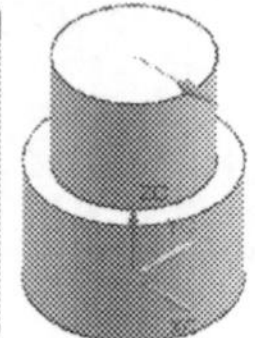

Bei rechteckigen FEs definiert die Horizontale Referenz die Richtung der *Länge* (also deren Ausdehnung in Pfeilrichtung). Die *Breite* ist in der Platzierungsfläche senkrecht zur *Länge*. Die *Höhe* ist der Abstand über der Platzierungsfläche.

⇨ *OK* und die Vorschau sollte etwa so aussehen.

Hier sind mehr Maßtypen zur Auswahl als bei den kreisrunden FEs.

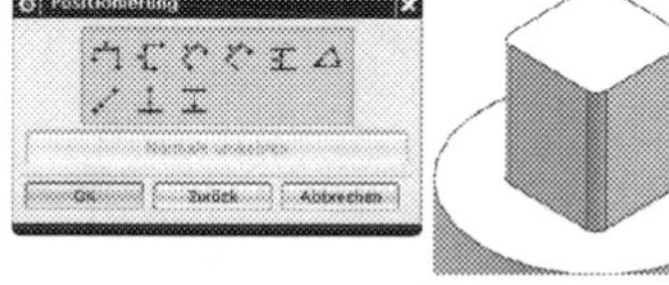

Bevor wir jetzt Positionieren, stellen wir die Ansicht auf *Statisches Drahtmodell.* Dabei sehen wir an unserem Polster Positionierungshilfsgeometrie (die gestrichelten Linien am Boden des Polsters). Diese richten wir nun an unserem Ursprungskoordinatensystem aus.

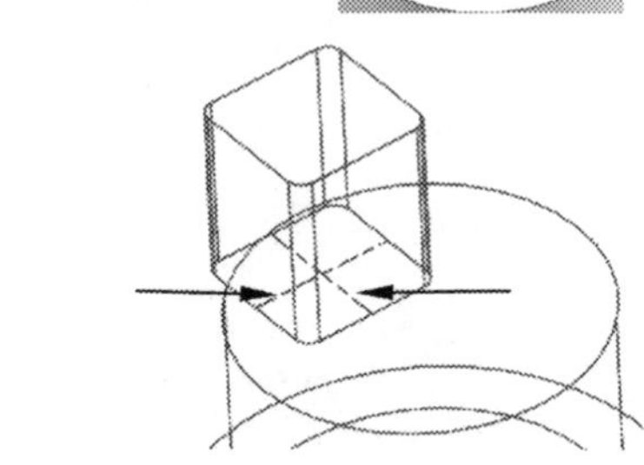

4. Dazu drehen wir die Ansicht so, dass wir unter das Polster schauen *Ansicht* ⇨ *Unten*

5. Folgende Elemente in angegebener Reihenfolge wählen
⇨ *Gerade auf Gerade*
⇨ X-Achse des KOOS
⇨ Horizontale Hilfsgeometrie
⇨ *Gerade auf Gerade*
⇨ Y-Achse des KOOS
⇨ Vertikale Hilfsgeometrie
⇨ Maßwerte 0,0 sind angetragen.

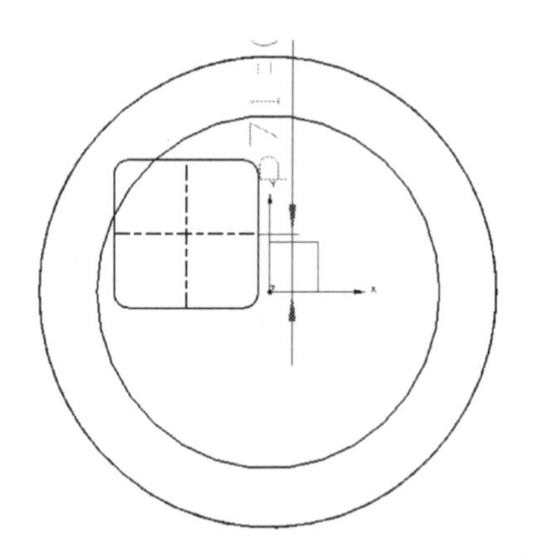

6. NX geht davon aus, dass gleich noch das nächste Polster P4 definiert wird und öffnet erneut den Polster-Dialog aus 3.

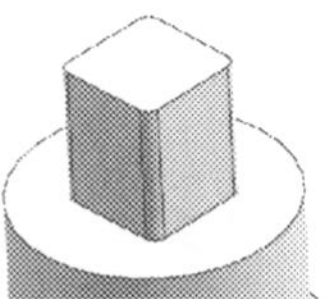

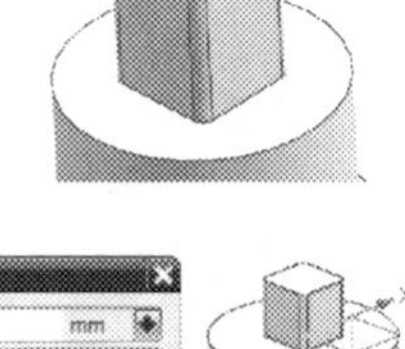

⇨ *Rechteckig*
⇨ Platzierungsfläche wählen (Grundfläche von Zylinder1)
⇨ evtl. eine <u>Horizontale Referenz</u> (siehe Tipp-Zeile, X-Achse)
⇨ Parameter eingeben
⇨ Platzieren wie soeben gesehen

7. *Knauf* (K5) erzeugen
⇨ Stirnfläche des Polsters (P3)
⇨ *Durchmesser* (5) *Höhe* (5)
⇨ *OK*

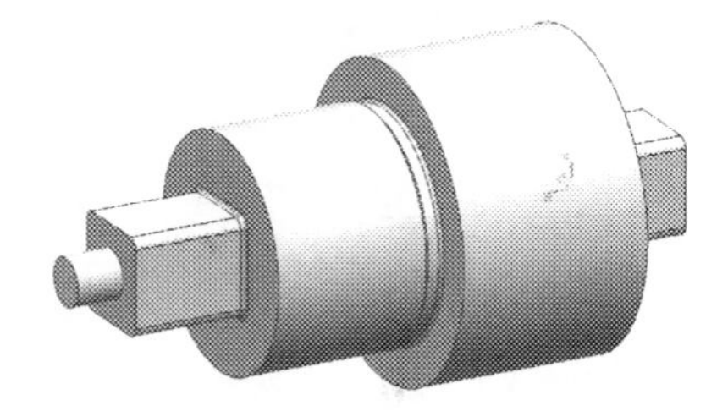

8. *Positionierung*
⇨ *Punkt auf Punkt*
⇨ Kreiskante des Knauf (K2)
⇨ *Bogenmittelpunkt*

III. Erzeugen des Einstichs und der Verrundungen

1. *Einstich* (E6) ⇨ *Einfügen*
⇨ *Konstruktionsformelement…*
⇨ *Einstich* (Toolbar *Formelement*)
⇨ *U-Einstich*
⇨ zylindrische Platzierungsfläche
⇨ *Einstichdurchmesser* (23.2)
⇨ *Breite* (2); *Eckenradius* (0.4)
⇨ *OK* oder MMT

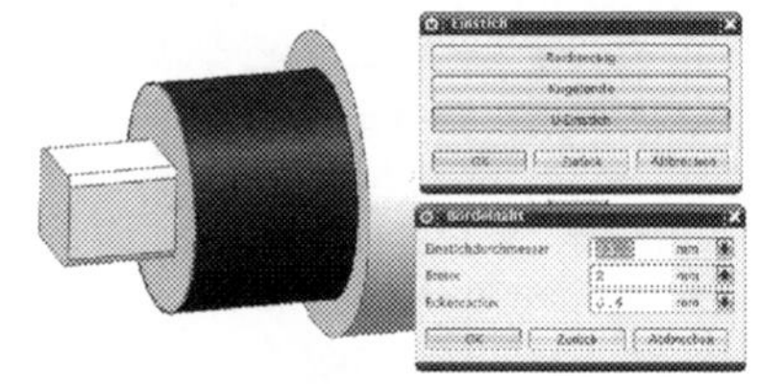

Bevor wir Positionieren, die Ansicht auf *Statisches Drahtmodell* stellen.

2. Die Kreiskante zwischen Zylinder (Z1) und Knauf (K2) wählen
⇨ Die Positionierungshilfskante des Einstichs (gestrichelt) wählen

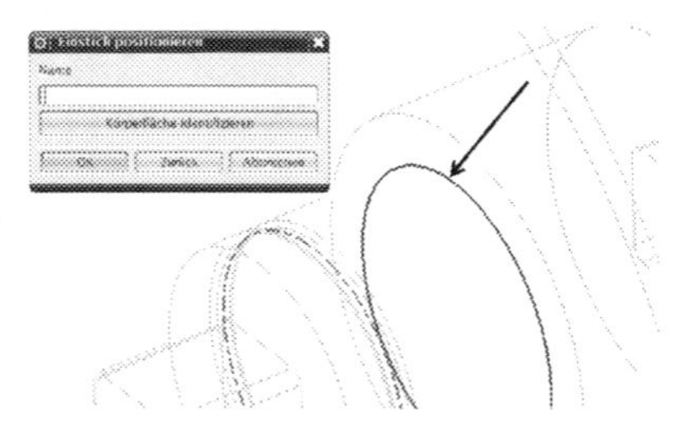

⇨ Abstand (1) eingeben
⇨ *OK*

NX geht wiederum an den Anfang der Formelementdefinition. Da wir keinen zweiten Einstich einbringen wollen, brechen wir einfach ab.

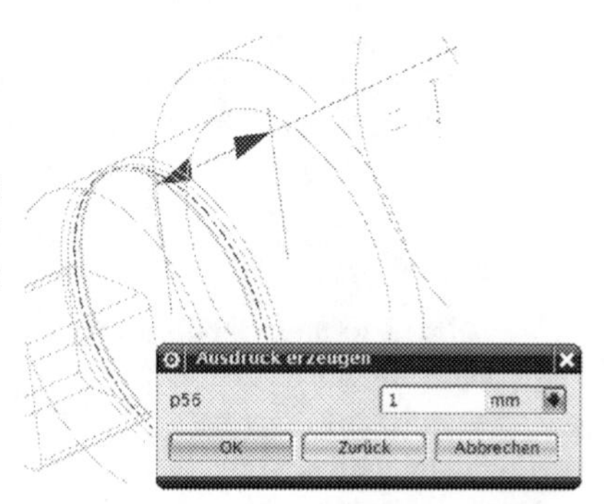

3. *Kantenverrundung*
⇨ *Radius* (0.5) eingeben
⇨ *Kurvenregel: Tangent. Kurve* ⇨ eine der zu verrundenden Kanten an Polster (P3) wählen
⇨ im Dialog Button *Neuen Satz hinzufügen* wählen und die gewählten Kanten werden als ein Satz mit dem Radius abgelegt
⇨ *Radius* (1) eingeben
⇨ *Kurvenregel: Tangent. Kurve* ⇨ eine der zu verrundenden Kanten an Polster (P4) wählen
⇨ *Neuen Satz hinzufügen*
⇨ Resultat nebenstehend
⇨ *OK* oder MMT.

Genau wie wir hier zu einem einzigen Formelement mehrere Sätze von Definitionen an Objekten und Werten gegeben haben, so können wir in NX mit vielen Formelementen vorgehen. Dies erhöht die Übersichtlichkeit, lässt aber die Editierbarkeit der FE sinken. Daher sollte diese Arbeitsweise gut überlegt sein. Wird das FE unterdrückt oder ausgeblendet, so betrifft dies alle Sätze des FEs. Oft ist es sinnvoll statt mehrerer Sätze, mehrere FEs mit jeweils nur einem Satz zu definieren.

Das Modellieren mit Formelementen gehört zu den Basis-Techniken von NX, die zunehmend durch das Modellieren mit Skizzen ersetzt werden können.

Bei den gezeigten Beispielen ist jedoch ein Arbeiten mit den Formelementen ebenso schnell und zielführend, wie der Einsatz von Skizzen.

3.4 Formelemente parametrisieren - Kugel

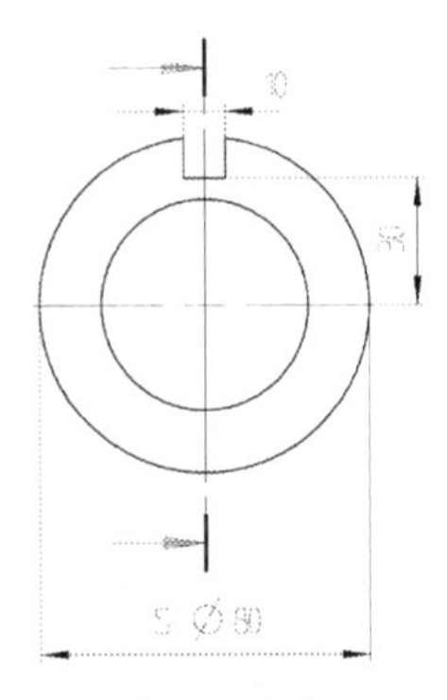

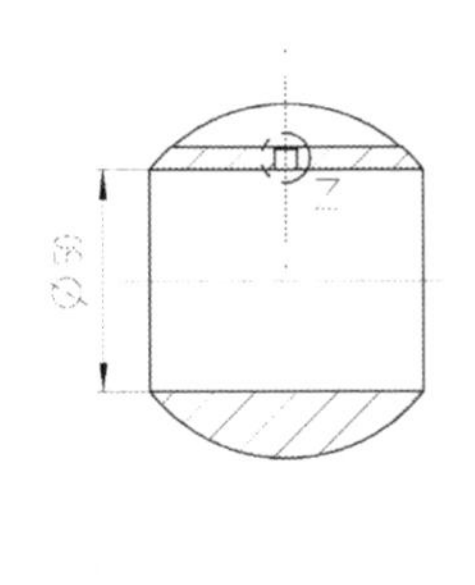

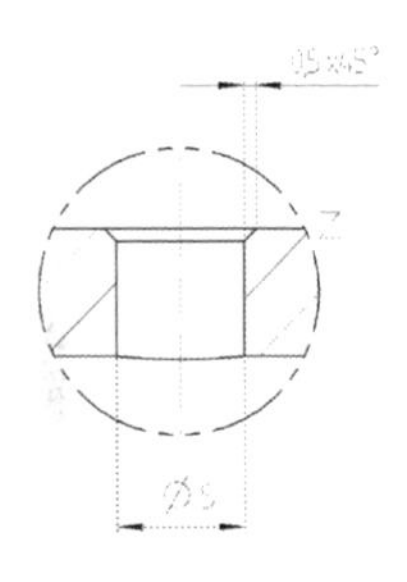

Vorgehensweise

I. Erzeugen von Führungsparametern und Basisgeometrie (hier eine Linie)

II. Erzeugen der Kugel (S1) und Subtrahieren einer Rotation (R2)

III. Einfügen der Tasche (T3) und Bohrung (B4)

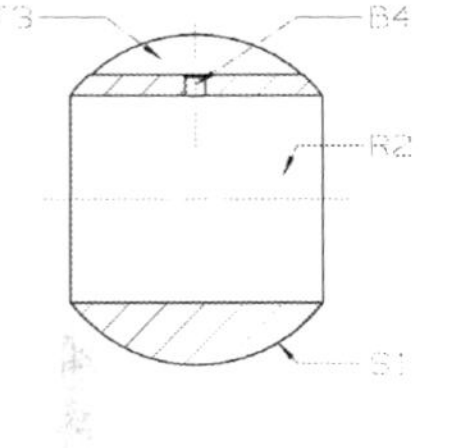

I. Erzeugen der Parameter und Basisgeometrie

In NX haben wir die Möglichkeit, Parameter jederzeit zu definieren, zu berechnen und darauf zu referenzieren. Ein Parameter besteht immer aus einem Parameternamen und einem zugewiesenen Parameterwert. Parameter werden in NX Ausdruck (engl. expression) genannt. Darüber hinaus werden auch Einheiten mit den Parametern verknüpft. Unser Beispielparameter sieht dann folgendermaßen aus:

`D_Kugel=80[mm] (Typ=Länge)`

1. Neue Datei *„ventilkugel.prt“* erzeugen

Strg +E

2. *Werkzeuge* ⇨ *Ausdruck…* ⇨ *Ausdruckseditor* ⇨ *Typ* (Nummer, Länge) ⇨ *Name* (**`D_Kugel, mm`**) ⇨ *Formel* (80) ⇨ *Anwenden*

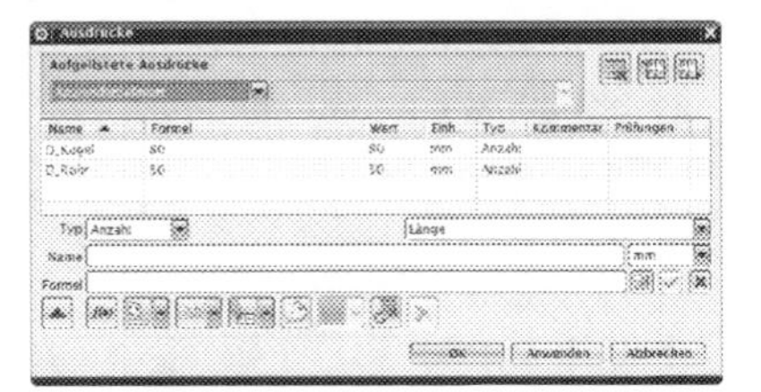

unser erster Parameter erscheint in der Liste. Nun legen wir einen zweiten Paramter an ⇨ **`D_Rohr=50[mm]`** ⇨ *OK*

Wir werden später noch detaillierter auf den Ausdrucks-Editor schauen. Im Teile-Navigator sind nun unter *Anwenderausdrücke* unsere Parameter abgebildet und können hier über Doppelklick editiert werden.

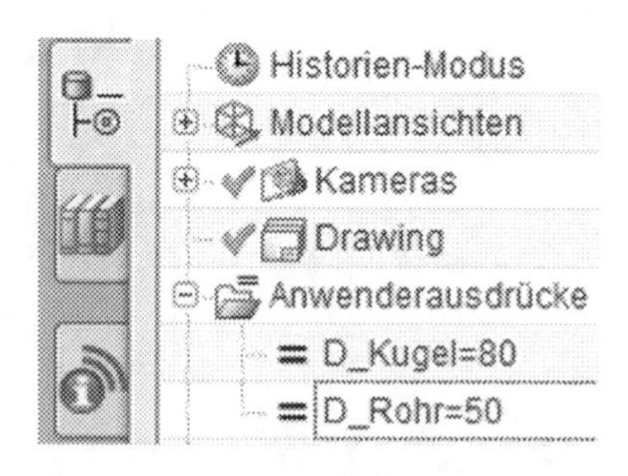

Anschließend erzeugen wir aus zwei assoziativen Punkten eine Linie (gehört zu den Kurven), indem wir Start-und Endpunkt jeweils in Kartesischen Koordinaten (X,Y,Z) angeben. Die Koordinaten berechnen wir uns aus unseren Parametern.

In den Dialogen sind bei den Eingaben für Werte fast immer Drop-Down-Menüs zu finden. Hier kann der Ausdruckseditor aufgerufen werden.

3. Arbeits-Layer (41)
⇨ *Einfügen* ⇨ *Bezugsobjekt/Punkt/Ebene* ⇨ *Punkt*

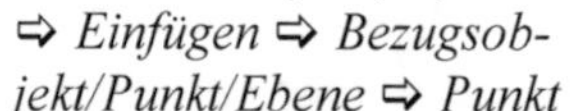

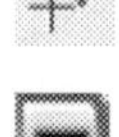

⇨ für *X* Drop-Down-Menü *Formel*
⇨ **-1*D_Kugel/2** eingeben
⇨ *Ausdruckseditor OK*
⇨ für *Z* (**D_Rohr/2**)
⇨ *Einstellungen* ⇨ *Assoziativ* (an)
(sonst sind *X* und *Z* nicht verknüpft)
⇨ *Anwenden*

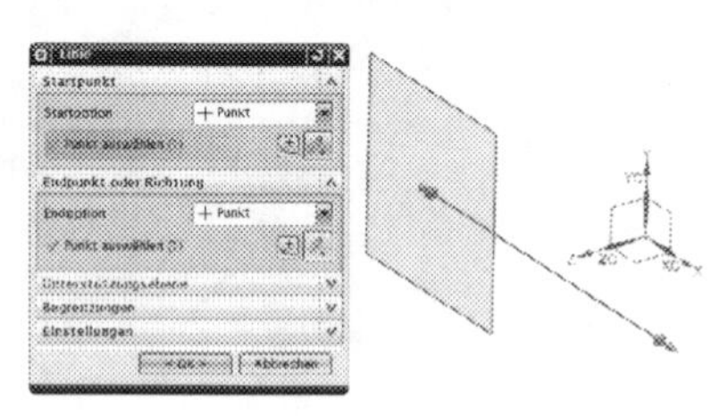

⇨ für *X* (**D_Kugel/2**)
⇨ für *Z* (**D_Rohr/2**)
⇨ *Einstellungen* ⇨ *Assoziativ* (an)
(sonst sind *X* und *Z* nicht verknüpft)
⇨ *OK*

Einfügen ⇨ *Kurve...* ⇨ *Linie*

⇨Startpunkt ⇨ Punkt 1
⇨Endpunkt ⇨ Punkt 2
⇨ *OK*

Das Resultat ist eine Linie von (-1*D_Kugel/2;0;D_Rohr) nach (1*D_Kugel/2;0;D_Rohr). Jetzt die Parameterwerte im Teile-Navigator ändern und auf die Linie achten.

II. Erzeugen der Kugel und Subtrahieren des Zylinders

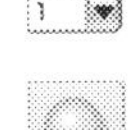

1. Kugel (S1) ⇨ Arbeits-Layer (1) ⇨ *Einfügen* ⇨ *Konstruktionsformelement...* ⇨ *Kugel* (oder Toolbar *Formelement*) ⇨ *Durchmesser, Mittelpunkt* ⇨ *Durchmesser* (anstelle eines Werts **`D_Kugel`**) ⇨ *OK* ⇨ Punkt (0,0,0) ⇨ *OK* ⇨ *Abbrechen* ⇨ Kugel ausblenden *(Strg+B)*

Die soeben durchlaufene Dialog-Staffel ist das Arbeiten mit Dialogen älterer NX-Versionen. Diese sind nur noch selten in NX anzutreffen. Die neuen Dialoge bieten alle wichtigen Informationen auf einen Blick, sind entsprechend lang, aber ausklappbar gestaltet.

R

2. *Rotationskörper* aus Linie (*ShortCut „R“*)
⇨ *Kurve wählen* (unsere Linie angeben)
⇨ MMT
⇨ *Vektor angeben* (X-Achse des KOOS)
⇨ die Vorschau zeigt folgenden Zylinder

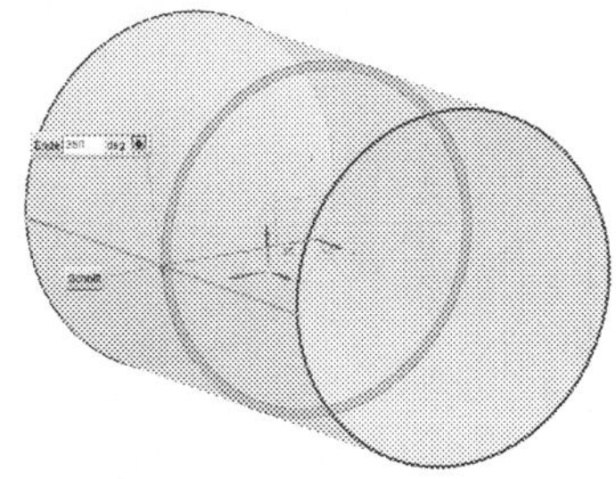

⇨ *Begrenzungen*
⇨ *Start Winkel* (0), *Ende Winkel* (360)
⇨ *Boolesch* (Subtrahieren)
⇨ Kugel einblenden *Strg+Shift+U*
⇨ Kugel auswählen ⇨ *OK*

Während der Rotationsdefinition

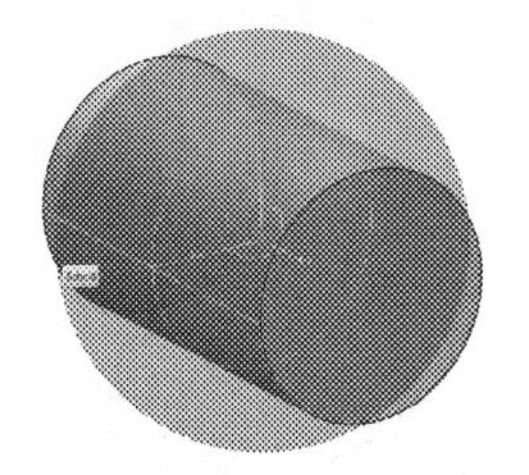

Parametrisches Endresultat

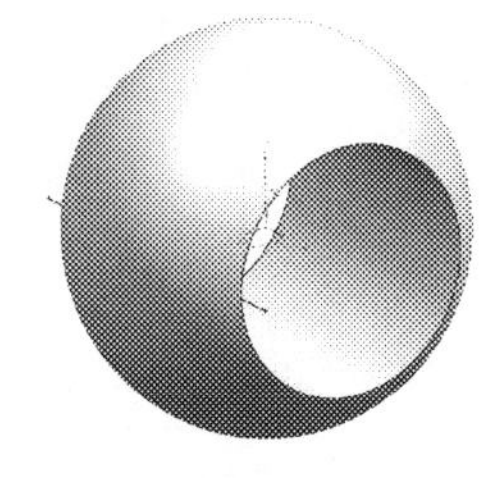

Jetzt im Teile-Navigator die Parameter wiederholt ändern und auf die richtigen Werte setzen.

III. Einfügen der Tasche (T3) und Bohrung (B4)

Damit wir die Tasche richtig positionieren können, benötigen wir noch eine Platzierungsebene tangential zu Kugeloberfläche.

1. Arbeits-Layer (61)
⇨ *Bezugsebene*
⇨ *Objekt* (XY-Ebene des KOOS)
⇨ *Abstand* (**`D_Kugel/2`**)
⇨ *Anzahl der Ebenen* (1)
⇨ *OK*

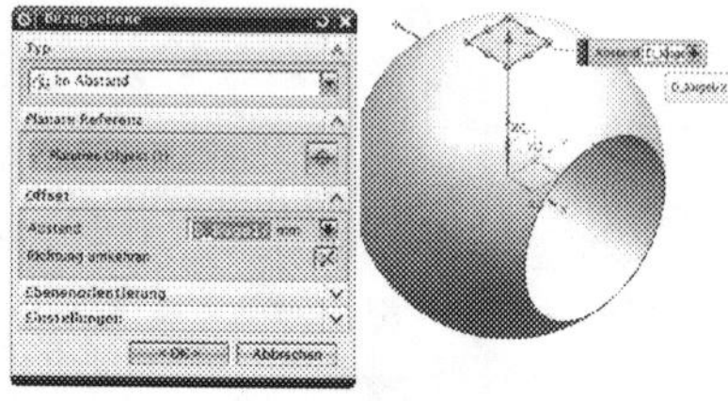

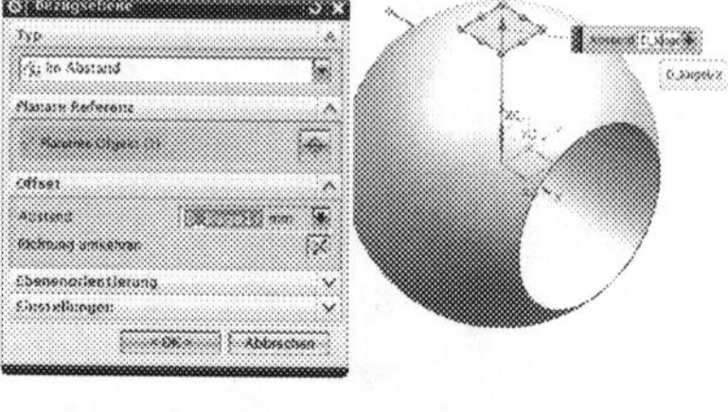

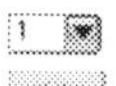

2. Arbeits-Layer (1)
⇨ *Einfügen*
⇨ *Konstruktionsformelement...*
⇨ *Tasche* ⇨ *Rechteckig*
⇨ *Platzierungsfläche* (siehe 1.)
⇨ *Seite* (in Körperrichtung)
⇨ *Horizontale Referenz* (X-Achse)
⇨ *Länge* (**`D_Kugel`**), *Breite* (10), *Tiefe* (10) ⇨ *OK*

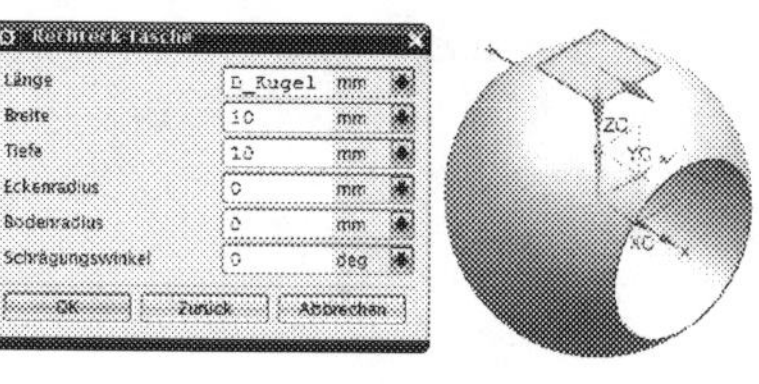

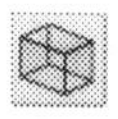

Bevor wir positionieren, die Ansicht auf *Statisches Drahtmodell* stellen und das Modell von oben betrachten. *Ansicht* ⇨ *Oben*

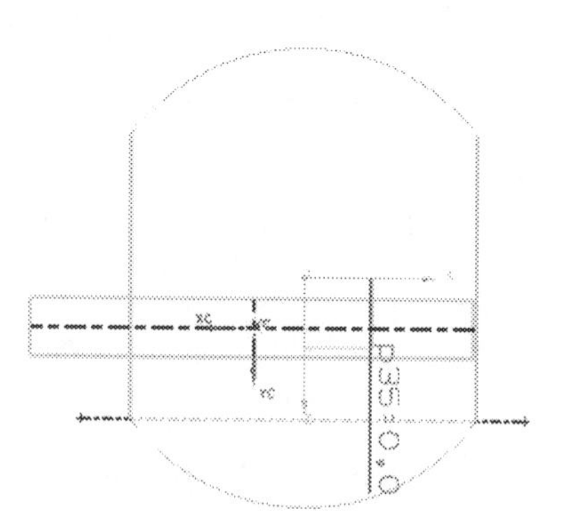

3. Positionieren
⇨ *Gerade auf Gerade*
⇨ X-Achse auf horizontale Positionierungshilfslinie
⇨ *Gerade auf Gerade*
⇨ Y-Achse auf vertikale Positionierungshilfslinie
⇨ *OK*

Schattierte Ansicht

4. Punkt erzeugen

Für die Bohrung erzeugen wir zuerst einen Bezugspunkt, der die Lage der Bohrung festlegen soll. Dazu erstellen wir einen Bezugspunkt in P(0;0;D_Kugel/2 – 10). Dieser liegt damit auf der Taschengrundfläche und auf der z-Achse des Bezugskoordinatensystems.

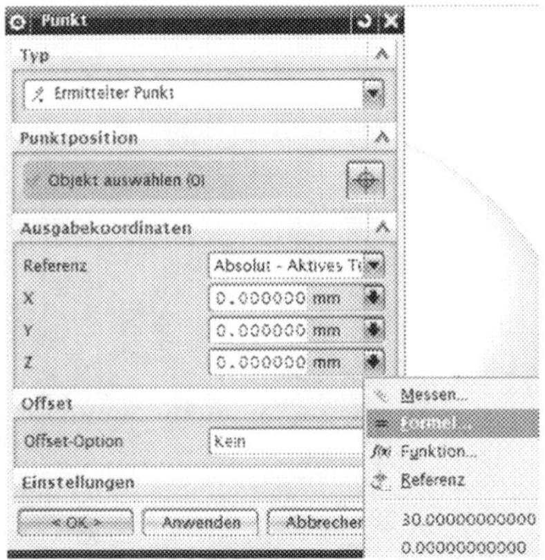

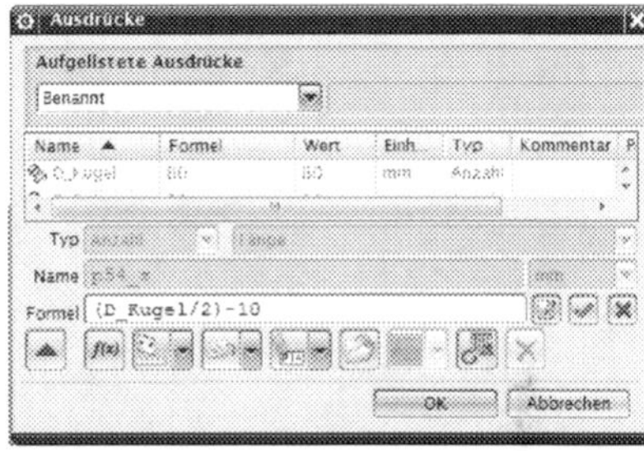

5. Bohrung
⇨ *Einfügen*
⇨ *Konstruktionsformelement...*
⇨ *Bohrung* ⇨ *Typ* (Allgemein)
⇨ *Position* über *Punkt*
(Punkt aus 4.)

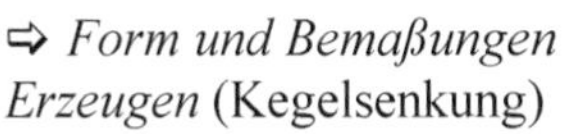

⇨ *Form und Bemaßungen Erzeugen* (Kegelsenkung)
⇨ *Senkdurchmesser* (6), *Senk winkel* (90°), *Bohrdurchmesser* (5)
⇨ *Tiefenbegrenzung* (Bis zum Nächsten)
⇨ *Boolesch* (Subtrahieren)

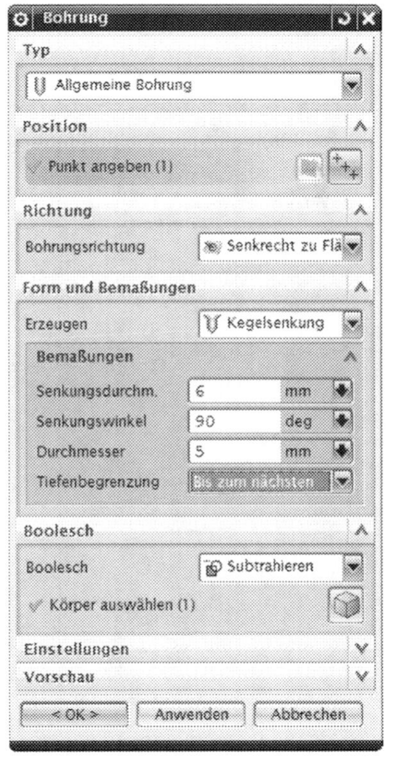

Die Tiefenoption *Bis zum nächsten* ermittelt assoziativ, wie tief die Bohrung ausgeführt werden muss.

Schattierte Ansicht

Alle Layer bis auf (1) ausblenden *(Strg+L)*. Farbe „blau“ zuweisen.

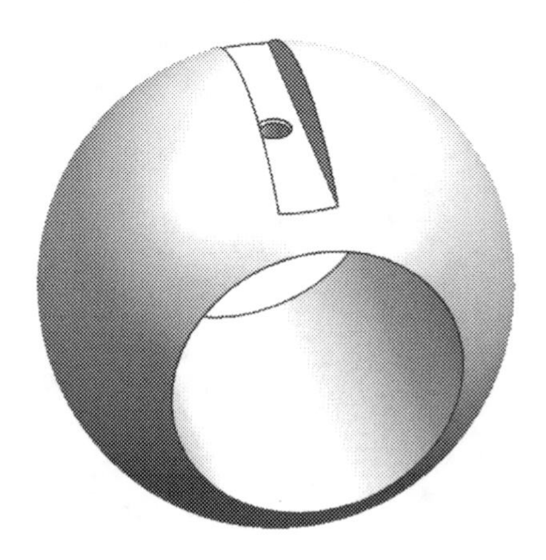

3.5 Analysefunktionen

Für die Ermittlung geometrischer und physikalischer Eigenschaften der virtuellen Produktmodelle wird die in CAx-Systemen konstruierte Geometrie sehr oft analysiert. Funktionen für die Analyse können z. B. Abstände, Winkel aber auch Volumen, Oberflächen und Massen ermitteln. Darüber hinaus können Modelle miteinander vergleichen werden und Baugruppen-Überlappungsanalysen durchgeführt werden. Krümmungsgraphen und Oberflächenanalysen sind für Freiformflächenanalyse sehr interessant.

Abstand messen

bietet im Dialog viele Optionen Abstände von Objekten zu messen. Für die Analyse wird sofort ein Lineal aktiviert. Ist ein zu analysierendes Elementepaar gewählt, so wird bei *Ergebnisanzeige Informationsfenster anzeigen* (an) die Messung in einem Text-Fenster dargestellt.

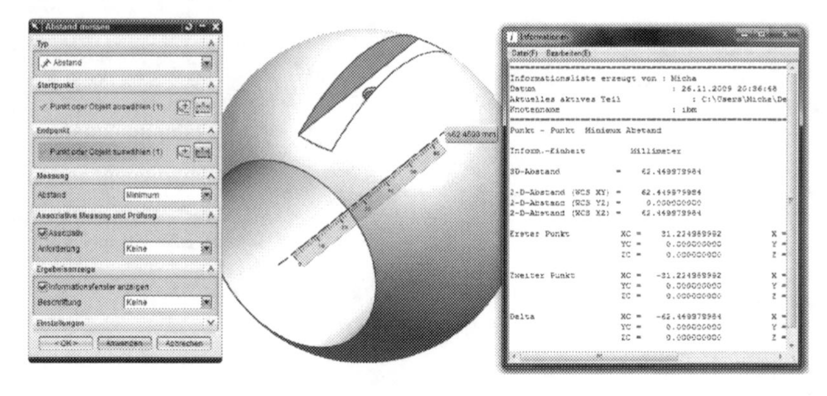

⇨ *Assoziative Messung und Prüfung*
⇨ *Anforderung* (Neu)
⇨ *Anforderung angeben*

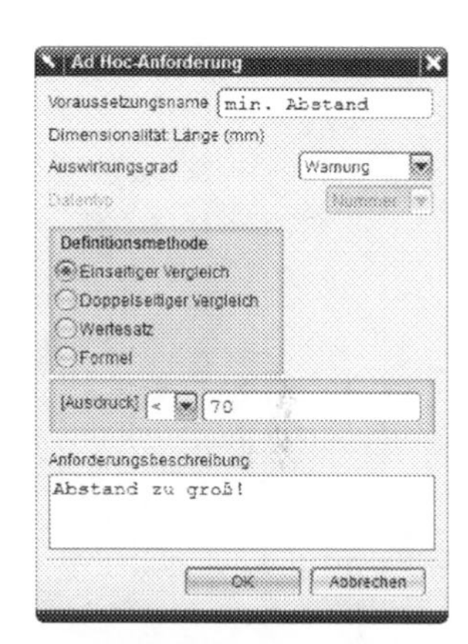

Die Messung kann assoziativ abgelegt werden. Für solche geometrisch analysierbaren Eigenschaften können wir *Ad-Hoc Anforderungen* definieren. Bei deren Verletzung werden wir hingewiesen, dass an unserer Konstruktion eine Anforderung verletzt wurde. Die Anforderung ist im Teile-Navigator als Prüfung abgelegt und zeigt den aktuellen Status der Prüfung.

Körper messen

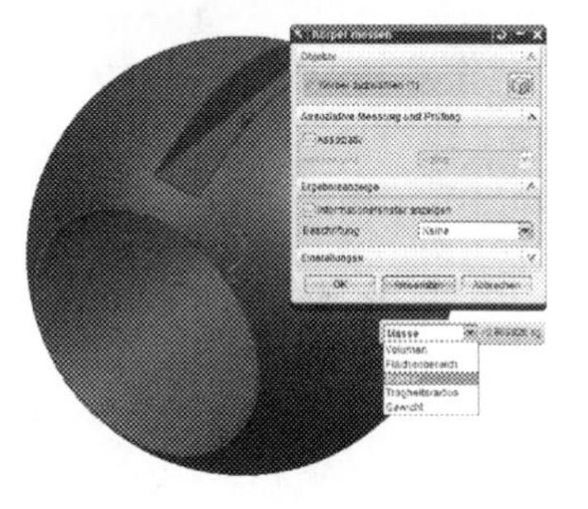

unter Menü ⇨ *Analyse* ⇨ *Körper messen* erlaubt uns, sofort wichtige Eigenschaften eines Körpers abzulesen. Wenn wir die Masse eines Körpers analysieren, so ist die dem Körper zugewiesene Dichte relevant.

Dies kann durch die Material-Definition zugewiesen werden.

Menü ⇨ *Werkzeuge* ⇨ *Materialeigenschaften…*

4 Arbeiten mit Skizzen

4.1 Einführung

Als Skizzen (Sketches) bezeichnen wir zweidimensionale Zeichnungen, die in einer definierten Ebene liegen, ähnlich einem Blatt Papier auf einem Tisch. Eine Skizze beinhaltet zueinander verknüpfte Kurven. Mittels geometrischer Zwangsbedingungen und Bemaßungen können diese Kurven in Abhängigkeiten gebracht und parametrisiert werden. Skizzen dienen uns als Ausgangspunkt für die Körpererstellung (bspw. Rotation, Extrusion) oder als Prinzip- bzw. Übersichtsskizze zu unseren Produktmodellen. Ein Modell kann mehrere Skizzen in verschiedenen räumlichen Ebenen besitzen. Für eine höhere Übersichtlichkeit des Modells empfiehlt es sich, wie schon gesehen, Skizzen auf separaten Layern abzulegen (Layerkategorie für Skizzen 21-40, vgl. Kapitel 2.4). Nachfolgende Beispiele entstammen der gleichen Skizze, sind nur unterschiedlich verwendet.

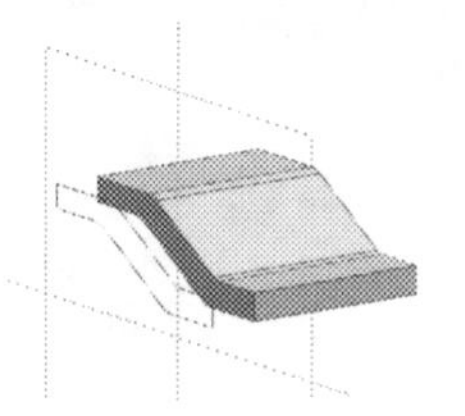

Extrusion

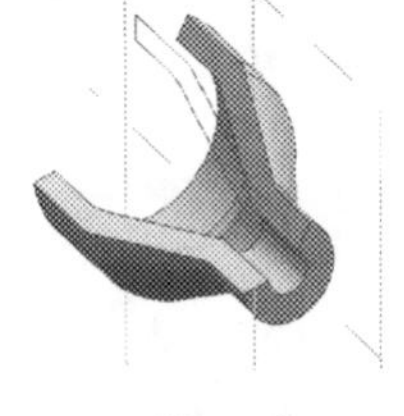

Rotation

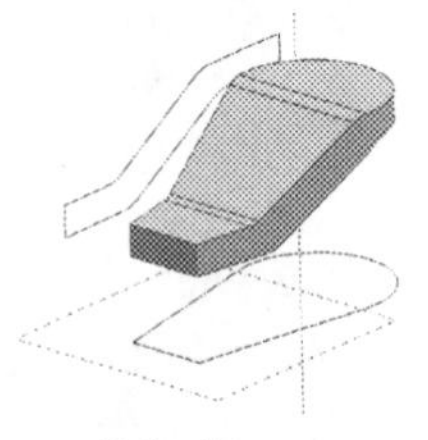

Schnittmenge

In NX haben wir die Möglichkeit, Formelement-basiertes und Skizzenbasiertes Arbeiten zu kombinieren. Gerade diese Kombination macht das Arbeiten in NX sehr schnell sowie Änderungen einfach und flexibel. Nachfolgend stehen einige wichtige Hinweise für das Arbeiten mit Skizzen:

- Eine Skizze wird in NX wie ein Formelement behandelt und erscheint ebenfalls im Teile-Navigator
- Skizzen und Skizzenelemente können zu vorhandener Geometrie (genau wie Formelemente und Positionierungsdialog) positioniert werden
- Skizzen sollten immer vollständig bestimmt sein, damit während der Konstruktion immer eindeutige, konsistente Geometrie vorhanden ist
- Die Anzahl der im Sketcher verwendeten Geometrieelemente sollte stets überschaubar bleiben (10 sind überschaubar, 50 hingegen nicht mehr), bei komplexeren Geometrien mehrere Skizzen anlegen oder Gruppieren
- Detail-Formelemente wie Fasen, Rundungen, Bohrungen, Taschen, Nuten etc. nach Möglichkeit nachträglich modellieren. Ein Formelement Fase ist schnell unterdrückt, eine Skizze ist hier nur aufwändig änderbar.

4.2 Skizzieren

Skizzen werden an einer Ebene im Raum, an einer ebenen Körperfläche oder an einer Kurve definiert. Der Sketcher hat eine eigene Arbeitsumgebung. Als erstes legen wir ein neues Teil an (*Modell*).

Skizze (Arbeits-Layer 21)

die XY-Ebene unseres KOOS ist die erste, „intuitive" Wahl von NX. Wir können dies auch ändern, indem wir andere Ebenen oder Flächen wählen.

Neben der Skizzierebene ist auch eine Horizontale Referenz selektiert (hier die X-Achse). Die Horizontale Referenz bestimmt die Ausrichtung unseres „Skizzenblattes"; mit *OK* bestätigen; die Skizzen-Umgebung ist bereits aktiv.

Die horizontale Referenz ist vergleichbar mit der Tischkante, an der wir unser Skizzenblatt ausrichten.

Die Werkzeugleiste *Direkte Skizze* ist nun vollständig nutzbar.

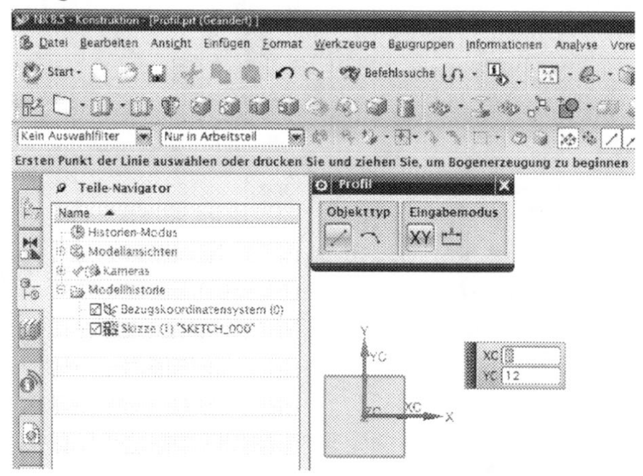

Z

Profil

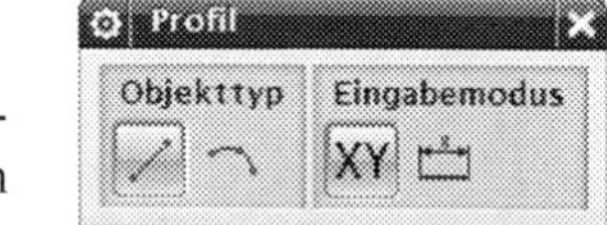

einfach drauf loszeichnen. Man kann für Anfangs- und Endpunkte den *Punktefang* nutzen sowie Koordinateneingabefelder am Cursor.

Ist der Anfangspunkt einer Linie festgelegt und wird der Endpunkt-Cursor langsam bewegt, so werden bereits Zwangsbedingungen (ZB) gefangen (horizontal und vertikal). Mit LMT wird der Punkt und die ZB bestätigt

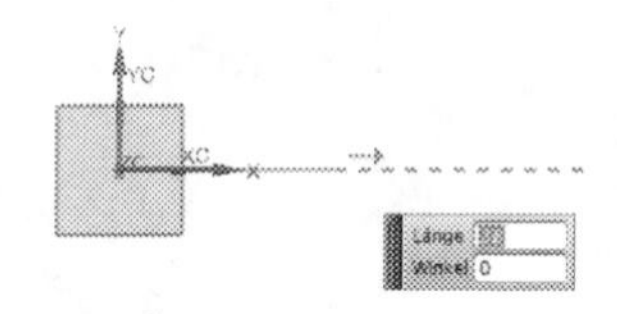

Das Fangen von Zwangsbedingungen kann durch Halten der *Alt*-Taste unterdrückt werden, wenn auf die vorgeschlagenen ZBs verzichtet werden soll.

Ist eine Linie abgesetzt und die nächste soll definiert werden, so kann durch Drücken und Halten der LMT von *Linie* auf *Kreisbogen* umgestellt werden. Am Anfangspunkt erscheint ein 4-geteilter Kreis.

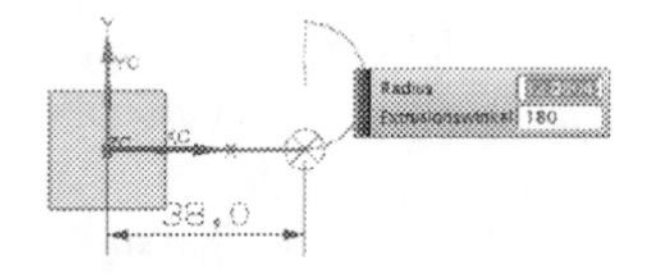

MMT (oder Esc) beendet die Funktion Profil.

Toolbar Kurve Skizzieren

enthält viele Funktionen zum Skizzieren. Viele sind selbsterklärend, daher werden nicht alle nachfolgend aufgeführt.

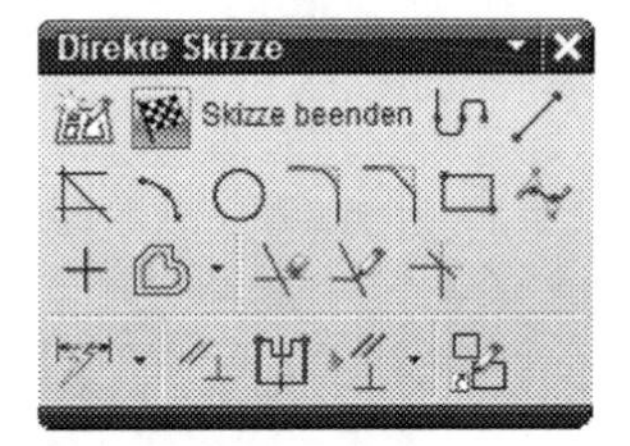

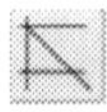

Abgeleitete Linien

sind <u>nicht</u> <u>assoziativ</u> und werden aus bestehenden Linien erstellt.

1. Wird eine Linie selektiert, wird diese Linie kopiert.

2. Wird eine zweite, parallel zur ersten selektiert, wird eine Mittellinie erstellt.

3. Wird eine zweite, im Winkel zu ersten stehende selektiert, wird eine Winkelhalbierende erstellt.

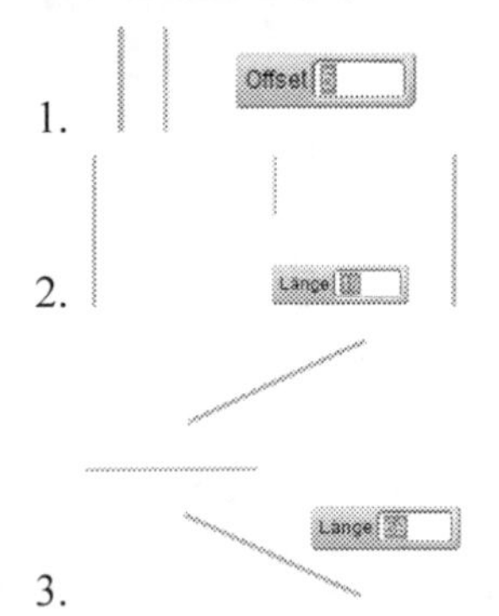

T

Schnell Trimmen

kann an einander überlappender Geometrie angewendet werden. LMT halten und ziehen, oder einfach auf das betreffende Element klicken.

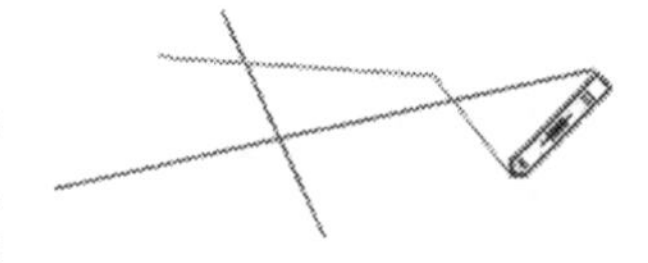

Schnell Erweitern

kann eine endständiges Element bis zu einem nächsten verlängern.

Fase

Erstellt eine Fase an dem ausgewählten Kurvenpaar. (Werte können angegeben werden)

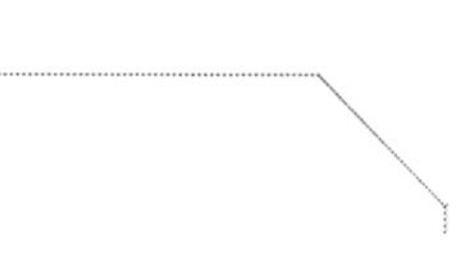

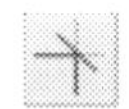

Ecke erzeugen

kann zwei endständige, nicht parallele Linien zu einem Eckpunkt verlängern.

Verrundung

F verrundet nicht tangentiale Übergänge. Der Radius kann zuvor eingegeben werden. LMT gedrückt halten, um mehrere Ecken zu verrunden oder einfach eine Ecke anwählen.

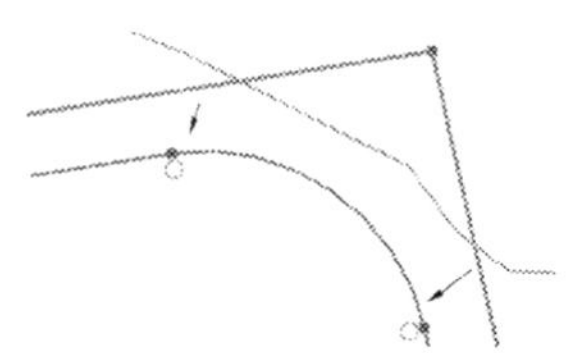

Jetzt erst einmal Phantasie-Profile zeichnen und variieren, damit der Umgang und das Verhalten des Sketchers erlernt wird.

Entf löscht selektierte Geometrien.

Befinden wir uns <u>nicht</u> in einer bestimmten Funktion, so können die Skizzen-Kurven frei verschoben werden. Dazu einfach eine oder mehrere Kurven auswählen und verschieben. Sind Zwangsbedingungen gesetzt, so verschieben sich die Kurven nur so, wie es die Zwangsbedingungen zulassen. Frei oder teilweise verschiebbare Elemente sind standardmäßig rot. Diese Farbgebung kann in den Voreinstellungen angepasst werden, sodass dies evtl. abweichen kann.

Man wird feststellen, dass die Selektion eines Endpunktes einer Linie zu einer anderen Bewegung führt als die Selektion der Linie selbst.

Sind mehrere Linien selektiert, können einzelne Elemente mit *LMT+Shift* wieder abgewählt werden. Mit Hilfe von *LMT+Strg* können Geometrieelemente schnell kopiert werden.

Skizzennamen (optional)

sind bei vielen Skizzen in einem Teil sehr sinnvoll damit der Überblick bewahrt wird.

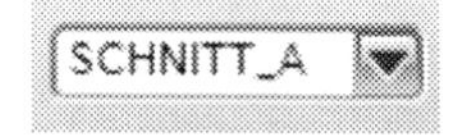

Ansicht zu Skizze ausrichten

Wir befinden uns im 3-dimensionalen Raum und daher können wir unsere Ansichten mit den herkömmlichen Werkzeugen drehen. Mit dieser Funktion kehren wir wieder in unsere Skizzenansicht zurück.

Offset-Kurve (Toolbar *Direkte Skizze – Dropdown Kurve aus Kurven*) erzeugt assoziative Kurvenkopien in der Skizze, die mit einem Abstand versehen werden können.

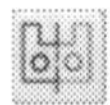

Kurve Spiegeln (Toolbar *Direkte Skizze – Dropdown Kurve aus Kurven*) erzeugt assoziative Kurvenkopien in der Skizze, die an einer Achse/Linie gespiegelt sind.

Projizierte Kurve (Toolbar *Direkte Skizze – Dropdown Kurve aus Kurven*) erzeugt assoziative Projektionskurven in der Skizze aus Kurven oder Körperkanten, die im Raum vor oder hinter der Skizzierebene liegen.

Skizze beenden (*Strg+Q*) drücken wir, wenn die Skizze beendet werden soll und um in die Modellierungsumgebung zurückzukehren

4.3 Zwangsbedingungen und Bemaßungen

Zum Aufbau von Skizzen ist immer diese Reihenfolge empfehlenswert:

1. Skizze anlegen (wie bereits gesehen)
2. Skizzieren der Geometrie
3. Zwangsbedingungen anbringen
4. Bemaßungen anbringen

Ziel ist eine durch Zwangsbedingungen und Bemaßungen vollständig bestimmte Skizze ohne Freiheitsgrade.

Zwangsbedingungen (ZB)

sind Abhängigkeiten der Skizzen-Geometrie untereinander.

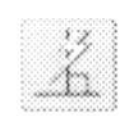

Der Dialog *Ermittelte Zwangsbedingungen* gibt einen Überblick zu vorhandenen ZBs. Die Haken sagen aus, dass diese im ZB-Fang automatisch genutzt werden; das Drücken der *Alt*-Taste während des Skizzierens hebt den automatischen Fang auf.

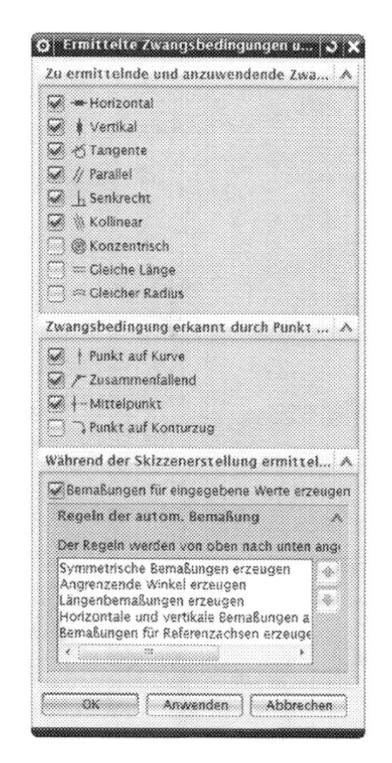

Im oberen Bereich sind die *expliziten* ZBs aufgeführt. Explizit bedeutet hier, dass zwischen zwei Elementen eine Bedingung durch den Fang oder den Nutzer aufgebracht wird.

Im darunterliegenden Bereich erscheinen die *impliziten* ZBs. Wird ein Profil skizziert, wird implizit vorausgesetzt, dass die Endpunkte der Linien zusammenfallen.

Darunter können die Regeln für die automatische Erzeugung von Bemaßungen eingestellt werden.

Zwangsbedingungen

werden durch nebenstehende Funktion aufgebracht. Dabei sind die zu beaufschlagenden Geometrie- oder Bezugselemente zu wählen. Eine Linie kann bspw. für sich allein *senkrecht* sein, kann jedoch nur *parallel* zu einer zweiten (dann paarweise) gewählten Linie sein. Mit *Strg* können nach dem Wählen der ZB weitere Elemente aufgesammelt werden, welche die gleiche ZB erhalten sollen. Am besten die Zuweisung der ZBs sofort an Phantasie-Skizzen ausprobieren.

C

Werden Skizzen-Geometrien an den Endpunkten selektiert, so ergeben sich die *impliziten* Randbedingungen. Werden die Kurven nicht an den Endpunkten selektiert, so ergeben sich die *expliziten* Randbedingungen.

Automatische Zwangsbedingungen

können noch nicht vollständig bedingten Skizzen-Geometrien zugewiesen werden. Besonders hilfreich, wenn Skizzengeometrie aus anderen CAD-Systemen in eine Skizze importiert wird.

Skizze automatisch bemaßen

erstellt automatisch fehlende Bemaßungen und erzeugt damit eine vollständig bestimmte Skizze.

Alle Zwangsbedingungen anzeigen

gilt für alle Geometrien in der Skizze, an denen nun die ZB angezeigt wird.

Zwangsbedingungen anzeigen/entfernen

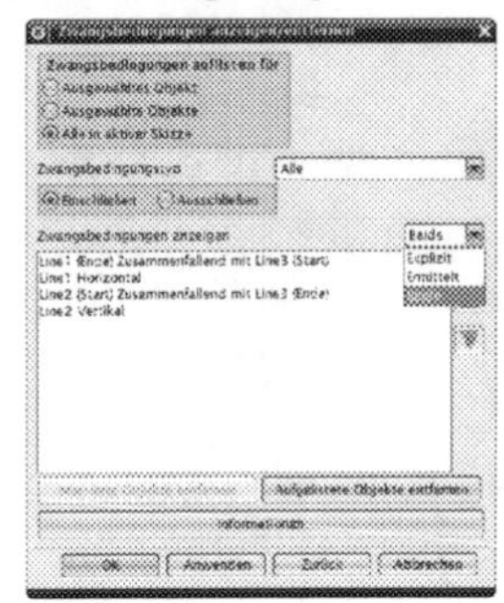

können wir über den gleichnamigen Dialog. Dabei muss eine Kurve mit ZBs gewählt werden. Die Drop-Down-Listen filtern nach ZB-Arten und *implizit* sowie *explizit.* Zum Löschen wird eine ZB aus der Liste gewählt und der Button *Markierte Objekte entfernen* angewählt.

Fortlaufende automatische Bemaßung

Erstellt automatisch Bemaßungen, die je nach aktueller geometrischer Ausprägung eine vollständige Bestimmung der Skizze erzeugen. Sobald eigene Bemaßungen angetragen werden, werden überflüssige, automatisch angetragene Bemaßungen entfernt.

Wird der *Typenfilter* in der Toolbar *Auswahl* auf *Skizzenzwangsbedingungen* gesetzt, so sind bei *Zwangsbedingungen anzeigen* die ZBs wählbar und werden mit der *Entf-Taste* gelöscht.

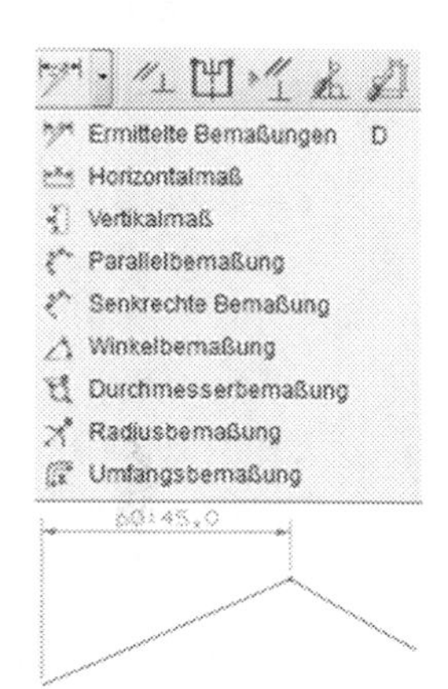

Bemaßungen

D

werden intuitiv gesetzt. Einfach ausprobieren. Sollte sich nicht das richtige Maß einstellen, so können im nebenstehenden Fly-Out-Button (der kleine Pfeil neben dem Icon) gezielte Bemaßungsarten erreicht werden.

Bemaßungen im Skizzierer können nicht negativ sein. Null-Werte (also Bemaßungen deren Wert 0 ist) sollten im Gegensatz zur Positionierungsbemaßung vermieden werden. Maßwerte können einfach durch Doppelklick geändert werden.

Assoziativität bearbeiten

. Mit RMT auf ein Maß

⇨ *Assoziativität bearbeiten* ⇨

kann der Bemaßungsbasispunkt verändert werden. Wird die linke Maßhilfslinie gewählt, wird der linke Basispunkt verändert. Rechts der rechte Basispunkt.

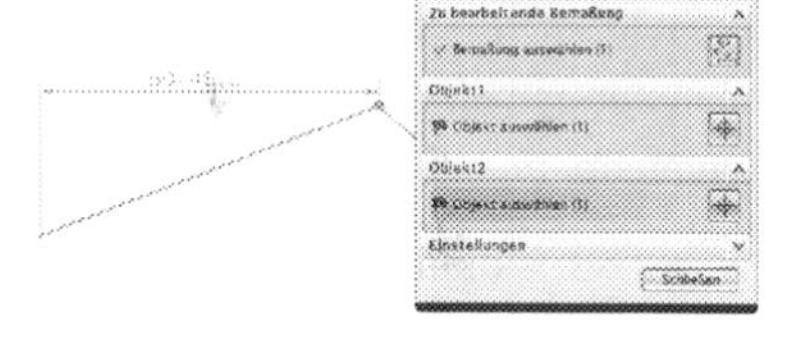

Bemaßungen animieren

dient der Überprüfung von Parameterbereichen und ZBs für unsere Maße (Toolbar *Skizzenzwangsbedingungen*). Maß wählen ⇨ Wertebereich eingeben ⇨ *OK*.

Stopp beendet die Simulation.

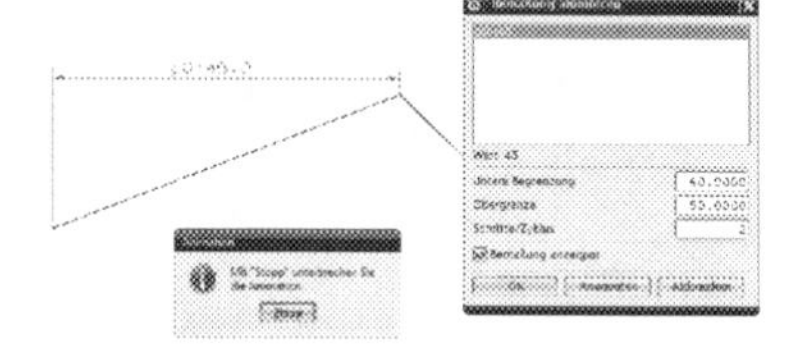

Freiheitsgrade

werden durch orange Pfeile an den Eck- bzw. Mittelpunkten der Skizzenkurven angezeigt. Die Anzahl der Freiheitsgrade wird reduziert, je mehr Maße und ZBs wir einbringen. Vollständig bestimmte Geometrien werden *dunkelrot* eingefärbt und besitzt keine solchen Pfeile.

Skizzen sollten für konsistente Modelle immer vollständig bestimmt sein.

Widersprüchliche Zwangsbedingungen (z. B. eine Linie parallel zu einer vertikalen Referenz und horizontal definiert) färben die betroffenen Elemente orange. Diese können dann nicht mehr durch zusätzliche ZBs verändert werden, sofern dieser Konflikt nicht sofort durch Löschen einer ZB oder Setzen auf *Referenz* korrigiert wird.

Explizite Zwangsbedingungen für die Fixierung

Wir können unsere Geometrie in der Skizze auf verschiedene Arten fixieren, um die Freiheitsgrade schnell zu reduzieren. Die nachfolgenden ZBs sollten jedoch nur mit Vorsicht verwendet werden, da das Anbringen einer Bemaßung der Fixierung oft widerspricht und dadurch die Änderbarkeit unserer Skizze deutlich reduziert wird. Eine Linie mit *Konstanter Länge* kann bspw. nicht mehr durch ein Maß in der Länge bestimmt werden.

Fest
fixiert die Position eines Objektes in der Skizze

Vollständig Fixiert
fixiert die Position und die Größe bzw. Länge eines Objektes

Konstante Länge
fixiert die Länge eines Objektes in der Skizze

Konstanter Winkel
fixiert die Ausrichtung eines Objektes in der Skizze

Positionierung

von Skizzen kann mit Hilfe der Zwangsbedingungen auf externe Referenzen erfolgen (z. B. auf Ebenen, Achsen, Kanten, KOOS).

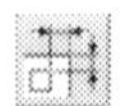

Oder wir nutzen die Positionierungsfunktion, die wir von den Formelementen her kennen. Dazu wird die Skizzen-Geometrie an einem Punkt mit der ZB *Fest* fixiert. Zu diesem Punkt werden wir anschließend über *Positionierungsbemaßung erzeugen* die Maße anlegen. Dieses Vorgehen sehen wir im Beispiel Gehäuse1 in Kapitel 5.1.

Skizzenvoreinstellungen

beinhalten Einstellungen der Anzeige von Objekte im Skizzierer. Hier können Texthöhen, Maß-Darstellung, Farben etc. editiert werden.

⇨ *Voreinstellungen*
⇨ *Skizze ...*

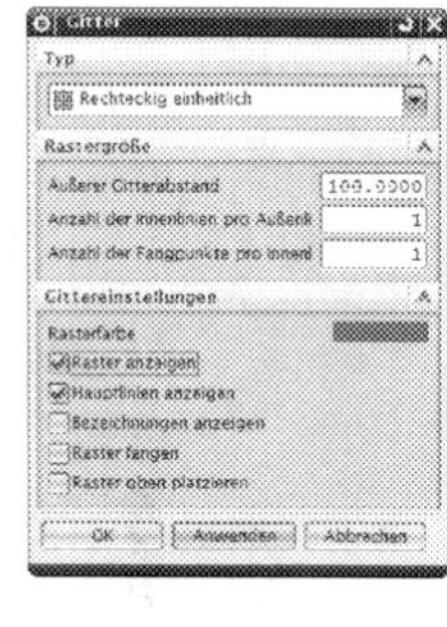

Arbeitsebene/Raster

⇨ *Voreinstellungen*
⇨ *Gitter*

dient der Einstellung des Rasters in der Skizze.

Das Arbeiten mit einem Raster ist vergleichbar mit kariertem Papier. Raster können bei Entwürfen hilfreich sein.

Hierfür einfach ein paar Einstellungen individuell ausprobieren.

4.4 Direkte Skizze

Über die Werkzeugleiste – Direkte Skizze – kann direkt eine neue Skizze erstellt bzw. eine ausgewählte editiert werden. Dabei sind die aus der klassischen Skizzenumgebung bekannten Funktionen verwendbar.

Die erstellte Geometrie kann sofort in weiteren Formelementen verwendet werden, ohne dass die Skizze geschlossen werden muss. Dies gewährleistet ein schnelleres Arbeiten mit NX. Die Änderung an direkten Skizzen erfolgt ebenso schneller und intuitiver.

Innerhalb der Direkten Skizze sollten nur jene Objekte genutzt werden, die auch in der Werkzeugleiste Direkte Skizze enthalten sind. Funktionen, die über die Menüleiste aufgerufen werden können, erstellen u.U. neue Formelemente.

Automatische Bemaßung

Die automatische Bemaßung setzt während dem Zeichnen der Skizzenkontur zusätzlich zu den Zwangsbedingungen Bemaßungen an die Geometrie an. Dabei werden nur die Freiheitsgrade betrachtet, die durch neue Geometrie hinzugekommen sind.

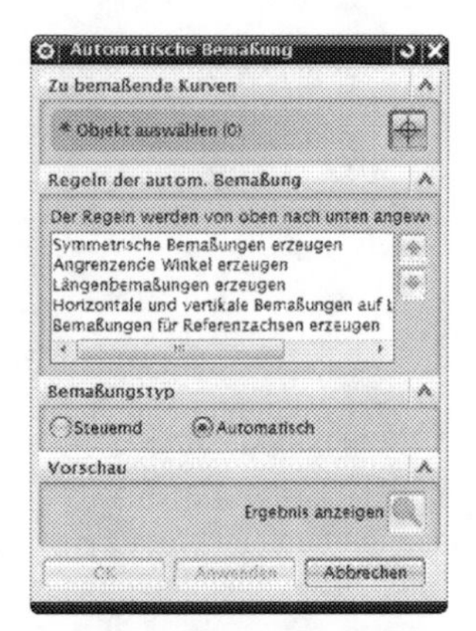

Als symmetrisch festlegen

Über diese Funktion können innerhalb einer Skizze auch nach der Erstellung Symmetriebedingungen erzeugt werden.

4.5 Skizzen – Hülse

In nachfolgendem Beispiel wird die Hülse komplett aus einer Skizze mit anschließender Rotation erzeugt. Dieses einfache Beispiel dient hier der verständlichen Demonstration der Skizzenfunktionen. Eine rein formelementbasierte Vorgehensweise wäre für die Hülse ebenfalls möglich. Die Abwägungen sind bereits in Kapitel 4.1 aufgeführt.

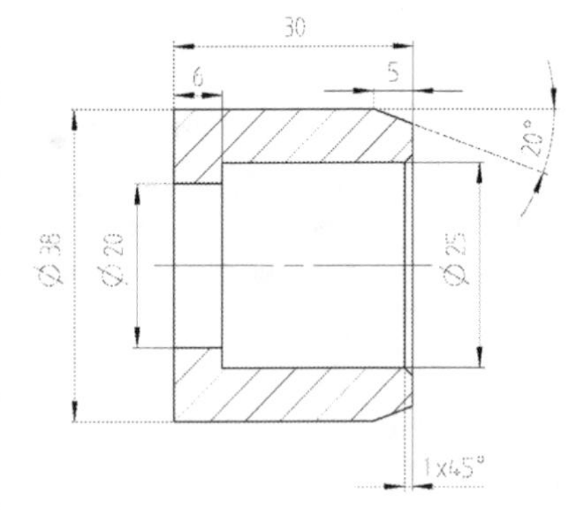

In diesem Beispiel wird besonderer Wert auf die automatische Bemaßung gelegt.

1. *Datei* ⇨ *Neu*; *„huelse.prt“*

Die erste Linie einer neu angelegten Skizze sollte anfangs immer eine maßstabsgerechte Länge besitzen (z. B. die Länge am Cursor eingeben), damit die weiteren Skizzenelemente später nicht zu sehr skaliert werden müssen und man gleich in den richtigen Größenverhältnissen arbeitet.

Oder wir richten die Länge der ersten Linie an dem zuvor eingeschaltetem Raster aus.

Um die neuen automatischen Zwangsbedingungen zu nutzen, müssen wir sicherstellen, dass diese aktiviert sind. Dafür innerhalb der Skizze fortlaufende automatische Bemaßung aktivieren.

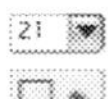

2. Arbeits-Layer (21)

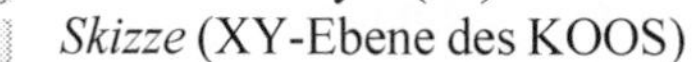

Skizze (XY-Ebene des KOOS)
⇨ versucht nebenstehendes Profil zu skizzieren. (Oberhalb der Horizontalen KOOS-Achse bleiben)

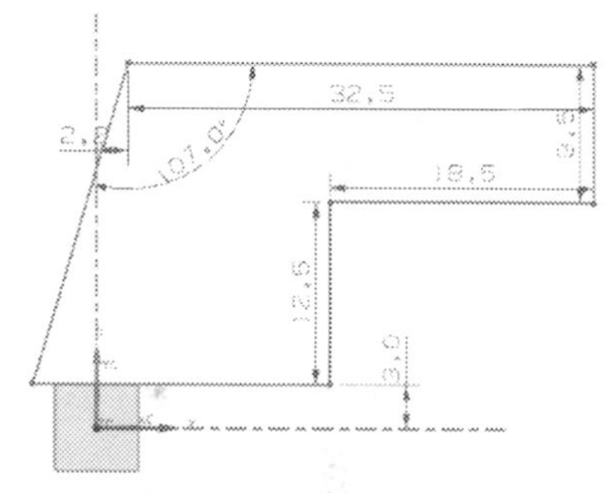

Zwangsbedingungen anzeigen

Automatische Bemaßung erzeugt die für die vollständige Bestimmung erforderlichen Bemaßungen selbsttätig.

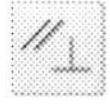

3. *Zwangsbedingungen* C
⇨ kolinear auswählen
⇨ vertikale Achse
⇨ MMT
⇨schräge Linie wählen
⇨ alle weiteren horizontal oder vertikal definieren.

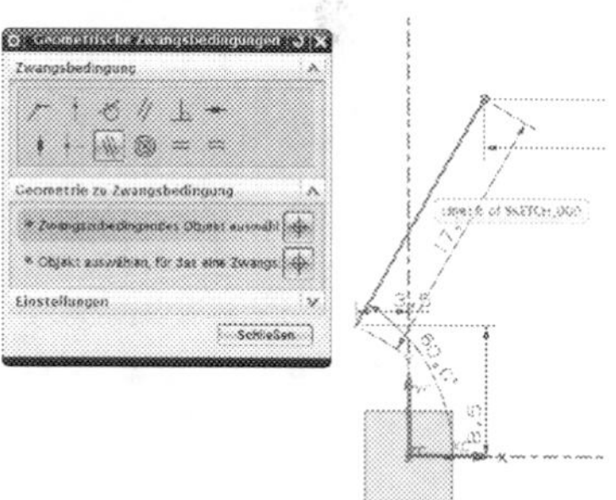

4. *Linie* für Fase 5 x 20° einfügen L,T
⇨ überstehende Linien-Enden mit Trimmen entfernen
⇨ *Linie* für Fase 1 x 45° einfügen
⇨ überstehende Linien-Enden mit Trimmen entfernen

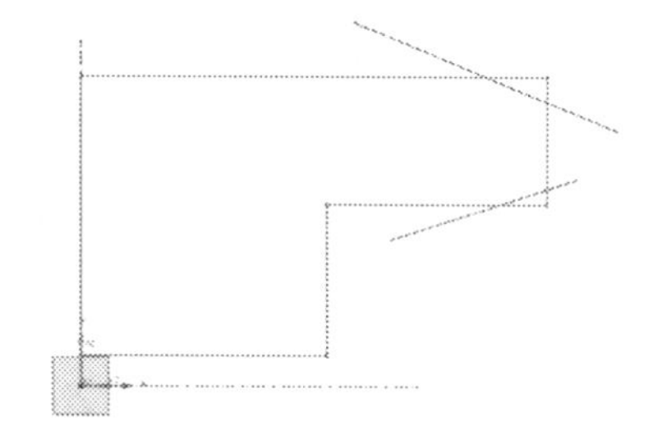

5. *Kurve spiegeln*
⇨ *Mittellinie auswählen*
⇨ Horizontale Achse des KOOS
⇨ *Kurve auswählen*
⇨ Auswahl-Rechteck über Geometrie ziehen ⇨ *OK*

Die Geometrie ist jetzt assoziativ gespiegelt. Gut zu erkennen, wenn die Geometrie verschoben wird.

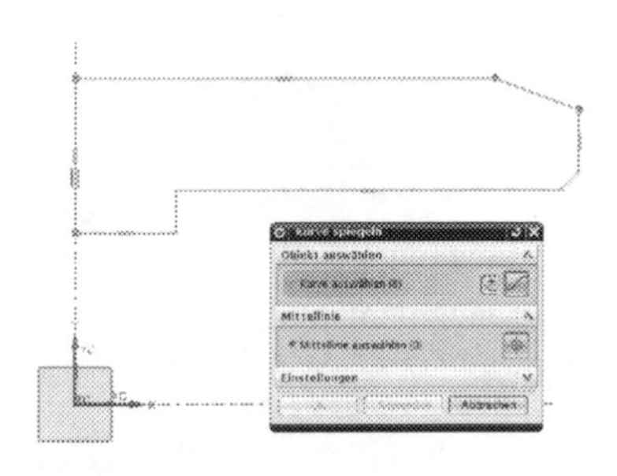

6. *Aus / Zu Referenz konvertieren*
⇨ *Objekte auswählen*
⇨ unterer Kurvenzug
⇨ *Referenz*
⇨ *OK*

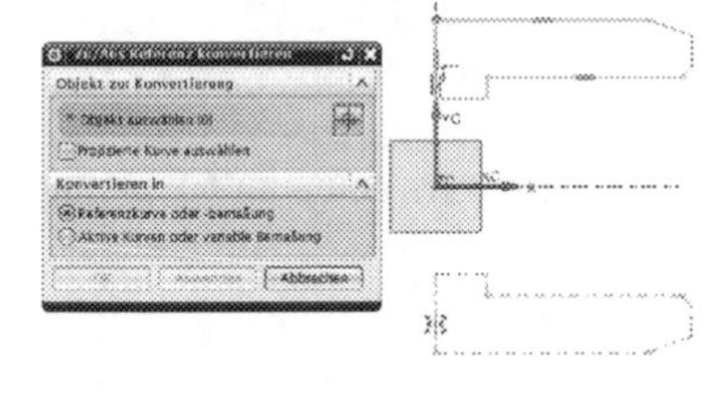

Aus/Zu Referenz konvertieren

überträgt Skizzenkurven oder Skizzenbemaßungen vom aktiven Status in den Referenz-Status oder umgekehrt. Referenzkurven (als Phantom-Linie dargestellt) können sehr gut als Hilfsgeometrie eingesetzt werden und bleiben beim späteren Extrudieren oder Rotieren unberücksichtigt. Referenzmaße bedingen keine Objekte, sondern zeigen lediglich das Maß zwischen diesen Objekten an.

D

7. *Bemaßungen* lt. Vorlage antragen, bis die *Skizze vollständig bestimmt* ist (Skizze ist rot). Dies wird auch in der Status-Zeile angezeigt.

Natürlich würde ein halber Schnitt ausreichen, um die Hülse vollständig rotieren zu können. Später in der Zeichnungsableitung werden wir sehen, dass nebenstehendes Vorgehen Vorteile bringt, da hier bereits die Skizze komplett richtig vermaßt ist.

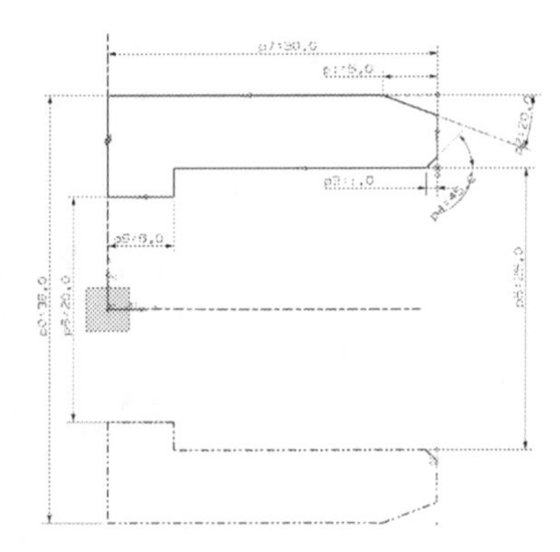

8. Skizze beenden (*Strg+Q*)

9. Arbeits-Layer (1)
⇨ *Rotationskörper*
⇨ *Kurvenregel: Verbundene Kurven*
⇨ Skizze wählen
⇨ *Rotationsachse* (X-Achse)
⇨ *OK*

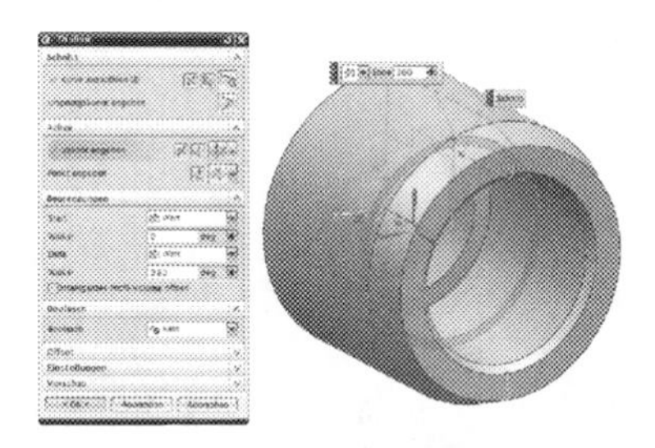

Wie gesehen, können Skizzen als einzelnes Formelement erzeugt werden und als Grundlage für mehrere weitere Formelemente dienen. Weiterhin ist es möglich, Skizzen zur Definition von Rotation und Extrusion als Skizzenschnitt in das Formelement einzubetten. Diese *Interne Skizze* erscheint dann nicht mehr explizit im Teile-Navigator. Da nun die Skizze Bestandteil des Formelements ist, kann die Übersichtlichkeit insbesondere für komplexe Modelle erhöht werden. Dies ist jedoch nur bei eindeutiger Zuordnung der Skizze zum Formelement sinnvoll.

10. RMT auf *Drehen* im Teile-Navigator
⇨ *Interne Skizze erzeugen...*
⇨ die Skizze erscheint nicht mehr

Umgekehrt kann eine interne Skizze auch wieder in eine externe Skizze umgewandelt werden.

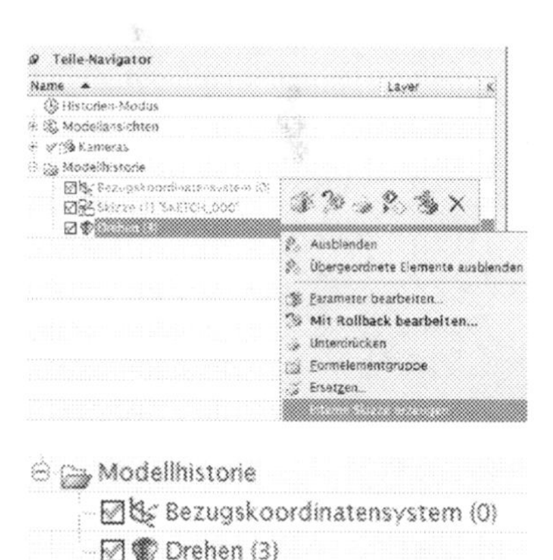

11. RMT auf *Drehen* im Teile-Navigator
⇨ *Externe Skizze erzeugen...*
⇨ die Skizze erscheint wieder

Eine interne Skizze ist über den Formelement-Dialog (hier Doppelklick auf *Drehen*) für Änderungen erreichbar (Button *Skizzenschnitt*).

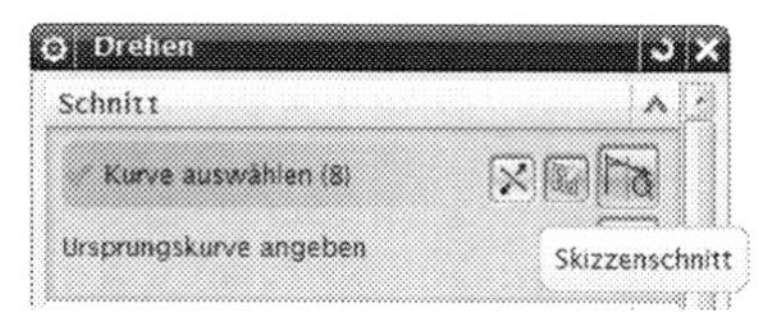

4.6 Skizzen - Hebel

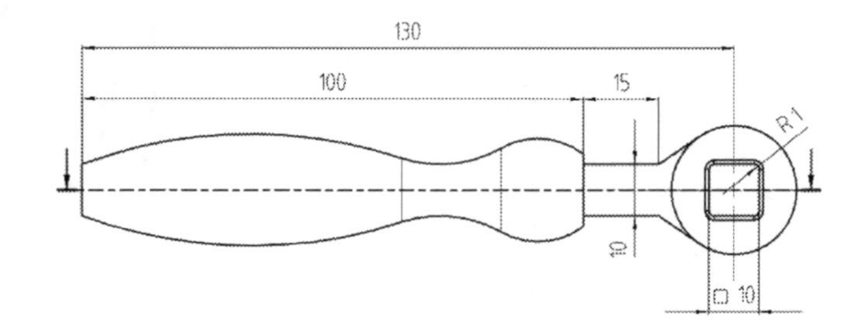

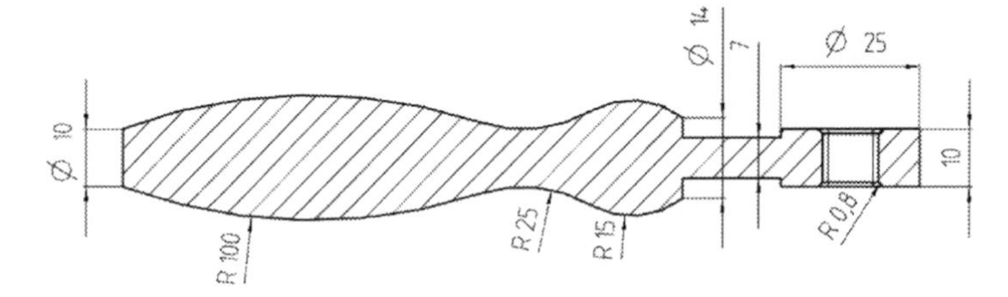

Vorgehensweise

I. Erzeugen <u>einer</u> komplexen Skizze (Gruppen)

II. Rotieren des Griffs, Extrudieren von Steg und Auge

I. Erzeugen <u>einer</u> komplexen Skizze

1. *Datei* ⇨ *Neu, „hebel.prt"*

2. Arbeits-Layer (21)
⇨ Erzeugen einer neuen *Skizze* in der XY-Ebene
⇨ drei tangentiale Kreisbögen erzeugen (etwa so wie abgebildet)

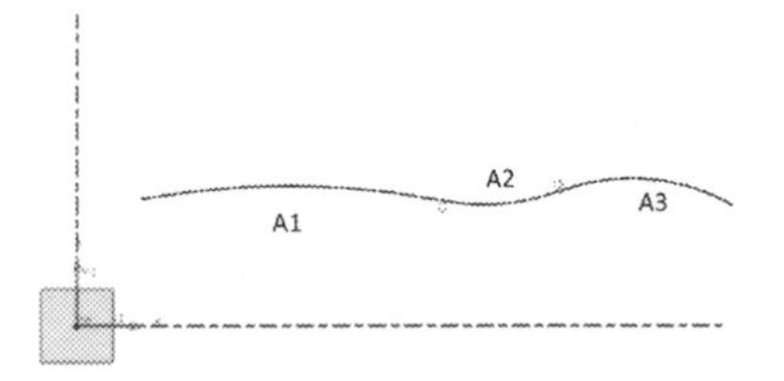

Hierbei darauf achten, dass wir etwa die Dimensionen des späteren Griffs einhalten und über der X-Achse zeichnen. Wir erzeugen in diesem Beispiel keine geschlossene Skizze.

C

3. *Zwangsbedingungen*
⇨ *Punkt auf Kurve*
⇨ Startpunkt von A1 wählen
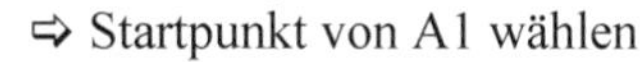
⇨ MMT

⇨ Y-Achse
⇨ MMT

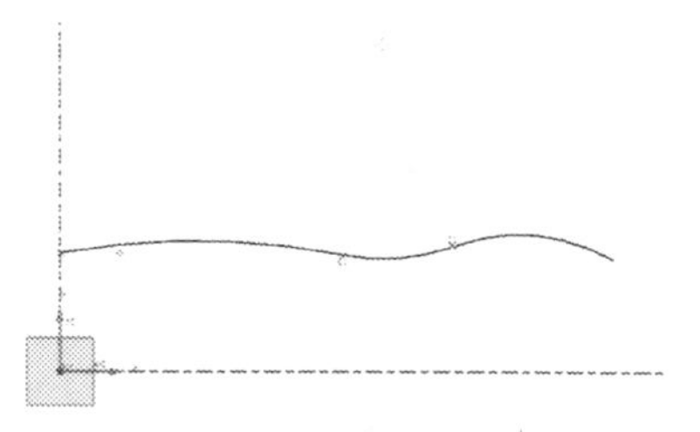

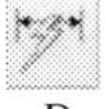

D

4. Bemaßungen antragen
⇨ zuerst die Abstandsmaße von der X-Achse der Mittelpunkte von A2 und A3 sowie Endpunkt A1auf der Y-Achse bemaßen, dann alle weiteren.

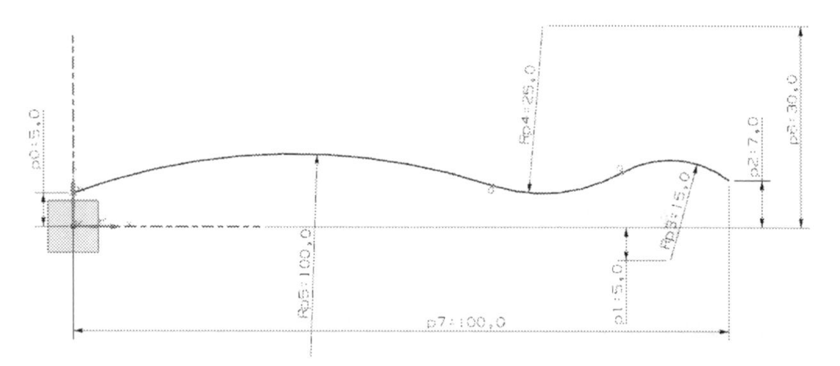

Die Kreisbögen A1, A2 und A3 auswählen ⇨ RMT auf einen der Bögen ⇨ *Neue Skizzengruppe* ⇨ Gruppenname: Griff ⇨ *Aktiv* aus ⇨ *Eindeutige Zugehörigkeit* ein ⇨ *OK*

Die Gruppe wird nun als Unterelement der Skizze im Teile-Navigator angezeigt. Für eine spätere Kurvenauswahl können die Gruppen genutzt werden.

Es kann passieren, dass die Kreisbögen aufgrund des Antragens der Bemaßungen stark verschoben werden und keine gültige Skizze entsteht. In einem solchen Fall ist ein wenig Übung im Verschieben der Geometrie oder einfach ein Neuanfang gefragt. Das zweite Mal geht es besser.

5. *Kreis* (A4) erzeugen
⇨ *Zwangsbedingungen*
⇨ Mittelpunkt, X-Achse
⇨ *Punkt auf Kurve*
⇨ Kreis bemaßen
⇨ Maße ausblenden
⇨ *Gruppe* „Auge“ mit A4 anlegen

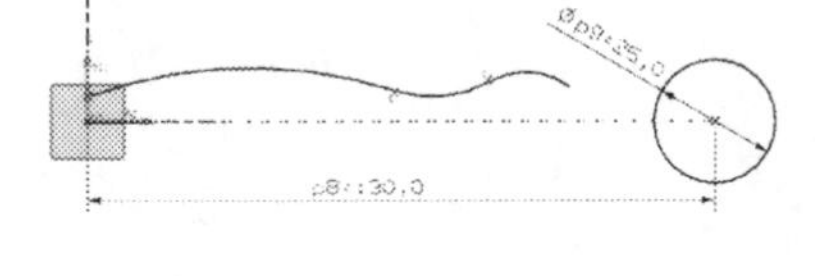

6. *Linien erzeugen*
⇨ siehe nebenstehende Skizze
⇨ *Zwangsbedingungen*

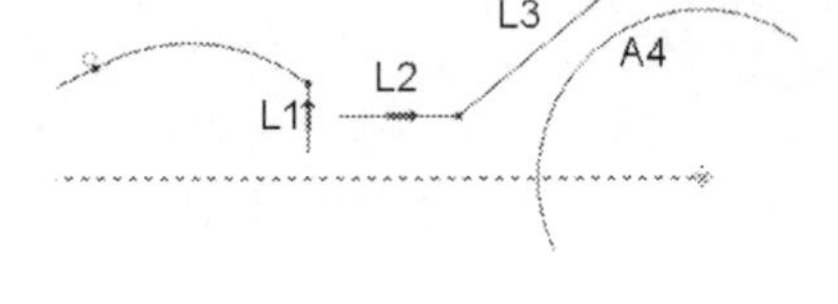

C

⇨ Endpunkt L1, Endpunkt A3, *Zusammenfallend*
⇨ Endpunkt L1, X-Achse, *Punkt auf Linie*
⇨ Endpunkt L2, L1, *Punkt auf Linie*
⇨ Endpunkt L3, A4, *Punkt auf Linie*
⇨ L3, A4, *tangential*

7. *Kurve spiegeln*
⇨ *Mittellinie auswählen*
⇨ Horizontale Achse des KOOS
⇨ *Kurve auswählen*
⇨ L1
⇨ *OK*
⇨ Bemaßen

D

⇨ Gruppe „Steg“ mit allen Linien anlegen

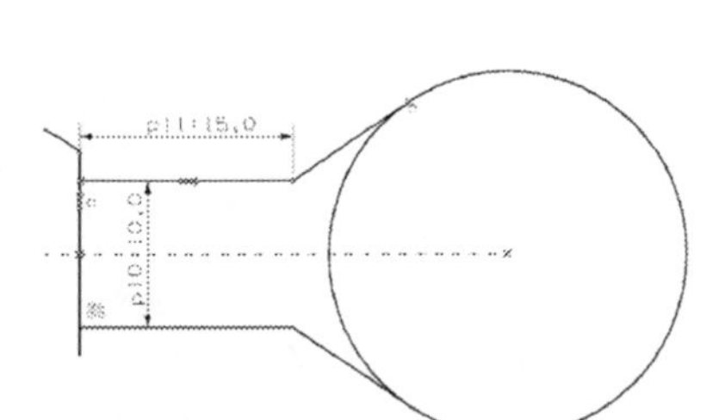

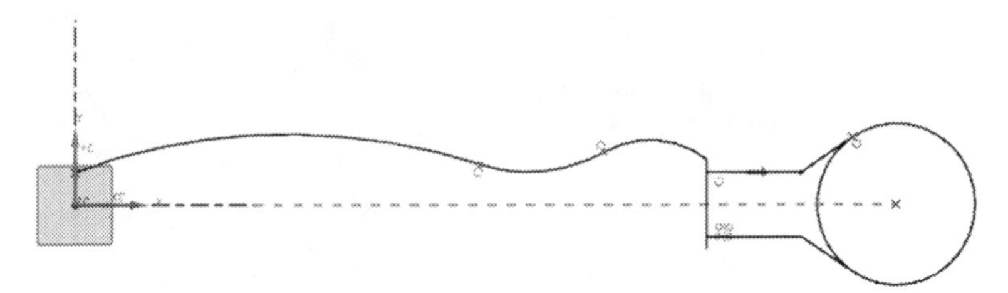

8. Skizze beenden (*Strg+Q*)

II. Rotieren des Griffs, Extrudieren von Steg und Auge, Details

1. Arbeits-Layer (1) ⇨ *Rotationskörper* ⇨ *Kurvenregel: Einzelne Kurve* ⇨ A1,A2,A3 der Skizze wählen ⇨ MMT *Rotationsachse* (X-Achse) ⇨ *OK* oder MMT

2. *Extrusion*
⇨ *Kurvenregel: Verb. Kurven*
X *Anhalten bei Schnittpunkt*
Pfadauswahl

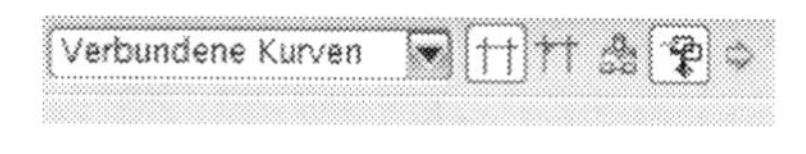

⇨ zwei benachbarte Elemente der Kontur des Stegs wählen
⇨ *Wert* (Symmetrischer Wert, 3.5)
⇨ *Boolesch* (Ermittelt)
⇨ *OK* oder MMT

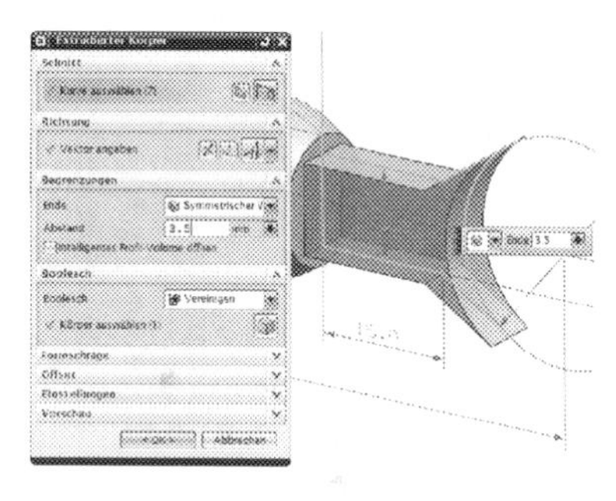

3. *Auge* symmetrisch extrudieren *Wert* (5) und vereinigen. (*Kurvenregel* zurückstellen)

3. *Tasche, rechteckig* (10x10x10), *Eckenradius* (1),
⇨ *Gerade auf Gerade* ⇨ X-Achse und horizontale Hilfslinie
⇨ *Parallel mit Abstand* ⇨ Y-Achse und vertikale Hilfslinie (130) ⇨ *OK*

4. *Fase* erstellen
⇨ *Kante auswählen* (eine Kante der Tasche am Auge wählen)
⇨ *Querschnitt: Symmetrisch*
⇨ *Abstand 1mm*
⇨ *OK*

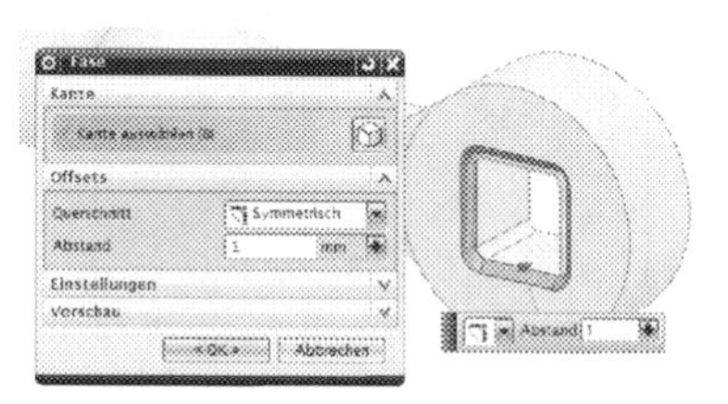

5. *Einfügen* ⇨ *Assoziative Kopie* ⇨ *Spiegel-Formelement*
⇨ *Fase* wählen ⇨ XY-Ebene des KOOS ⇨ *OK*

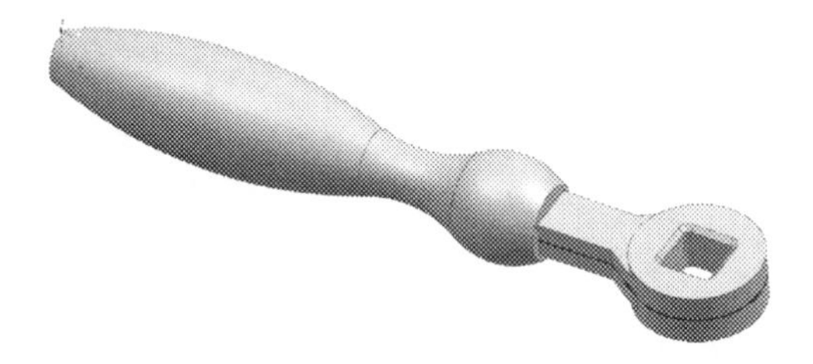

6. Farbe „grün" zuweisen (*Strg+J*).

5 Weiterführende Modellierung

5.1 Parametrisches Arbeiten – Gehäuseteil 1

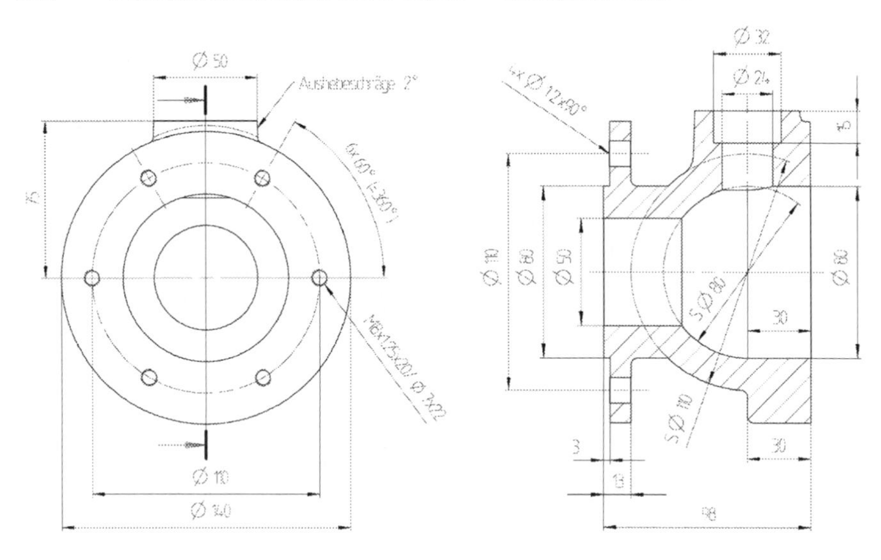

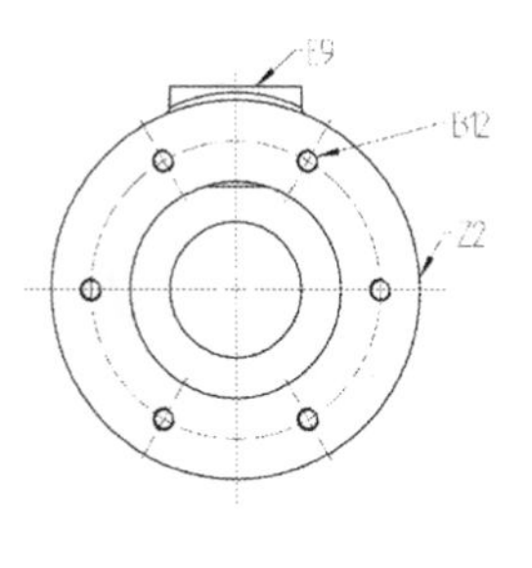

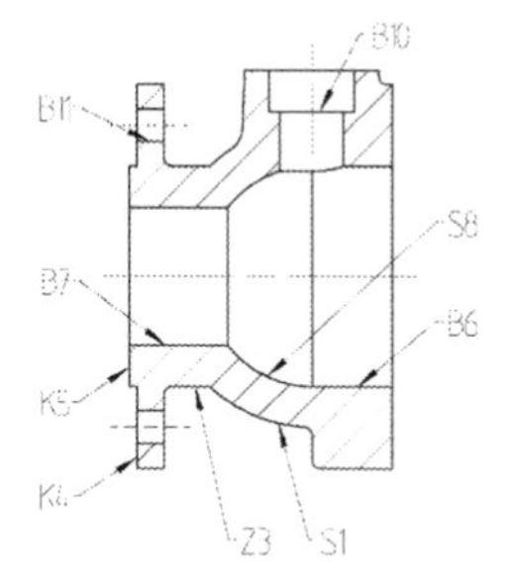

Vorgehensweise

I. Führungsparameter
II. Kugel (S1) und Zylinder (Z2) sowie Trimmen
III. Zylinder (Z3) sowie Flansch aus Knäufen (K4, K5)
IV. Bohrungen (B6, B7) und Kugel (S8)
V. Wellenaufnahme (E9) als Extrusion aus Skizze
VI. Stufenbohrung (B10) in (E9); Befestigungsbohrungen (B11, B12)
VII. Gewinde und Verrundungen

I. Führungsparameter

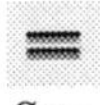

Strg +E

1. *Werkzeuge* ⇨ *Ausdruck…*
⇨ *Ausdruckseditor*
⇨ *Typ* (Nummer, Länge)
⇨ *Name* (`D_Kugel, mm`)
⇨ *Formel* (80) ⇨ *Anwenden*

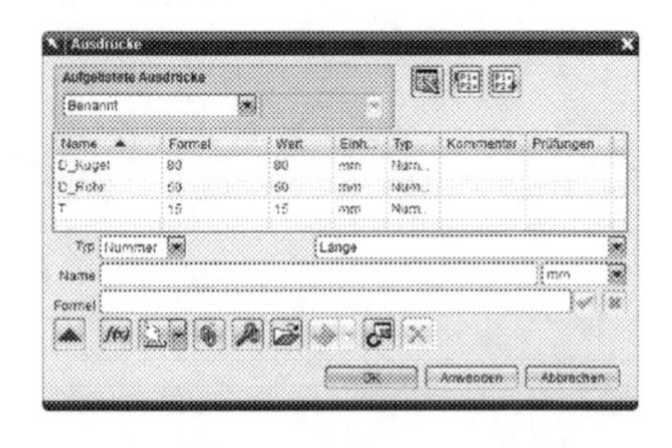

Weitere Parameter anlegen:
`D_Rohr=50[mm];`
`T=15[mm]` (Wanddicke)

2. Ausdrücke in Textdatei exportieren
⇨ *Ausdruckseditor*
⇨ *Ausdrücke aus Datei exportieren*
⇨ *Dateinamen angeben*
⇨ *OK*

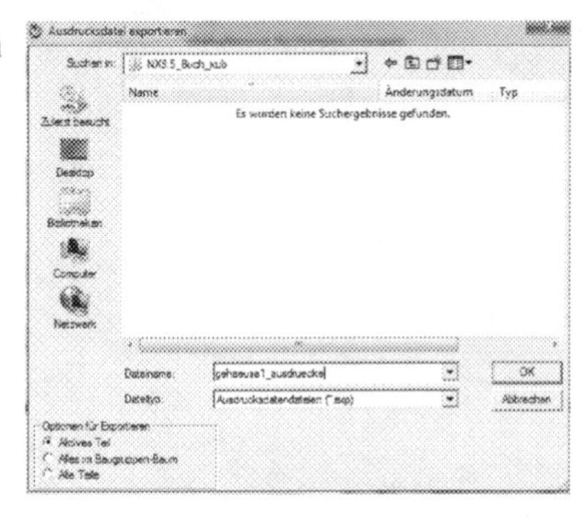

Die Ausdruckswerte werden wir in den nächsten Bauteilen wiederverwenden.

II. Kugel (S1); Zylinder (Z2) sowie Trimmen

1. *Kugel* (S1)
⇨ *Durchmesser* `D_Kugel+(2*T)`
⇨Punkt (0;0;0)

2. *Zylinder* (Z2)
⇨ *Durchmesser* `D_Kugel+(4*T)`; *Höhe* (30)
⇨ Punkt (0;0;0) ⇨ Richtung X-Achse
⇨ Boolesch: *Vereinigen*

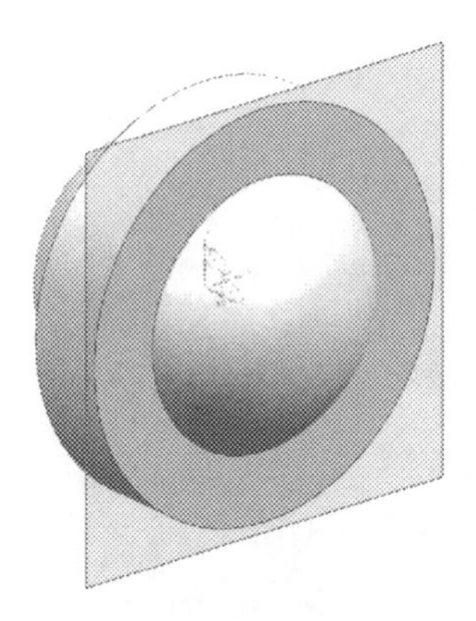

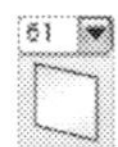

3. Arbeits-Layer (61)
⇨ *Bezugsebene…* (D1)
⇨ *Abstand* (0)
⇨ äußere Ringfläche des Zylinders wählen

4. *Körper trimmen*
⇨ *Ziel* ⇨ *Körper auswählen*
⇨ Körper klicken, mit MMT bestätigen
⇨ *Werkzeug* ⇨ Ebene (D1) auswählen
⇨ Richtung überprüfen

III. Zylinder (Z3) sowie Flansch aus Knäufen (K4, K5)

1. Arbeits-Layer (1)
⇨ *Zylinder* (Z3)
⇨ *Durchmesser* **`D_Rohr+(2*T)`**
Höhe **`(D_Kugel/2)+T`**
⇨ Punkt (0;0;0) ⇨ Richtung -X-Achse,
⇨ Boolesch: *Vereinigen*

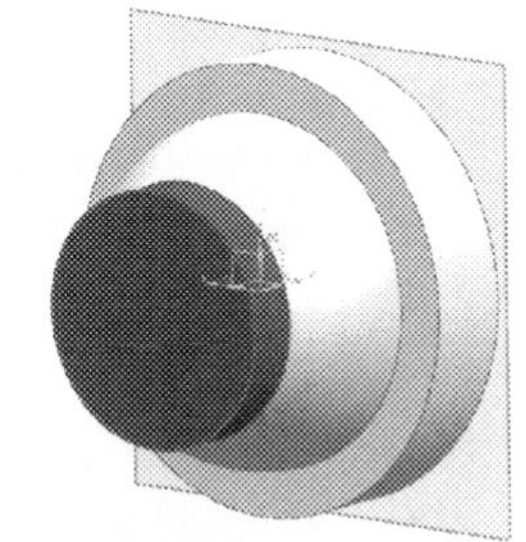

2. *Knauf* (K4) erzeugen
⇨ Stirnfläche des Zylinders (Z3)
⇨ *Durchmesser* (**`D_Kugel+(4*T)`**); *Höhe* (10)
⇨ *Positionierung* (Mittelpunkt Kante von Z3)

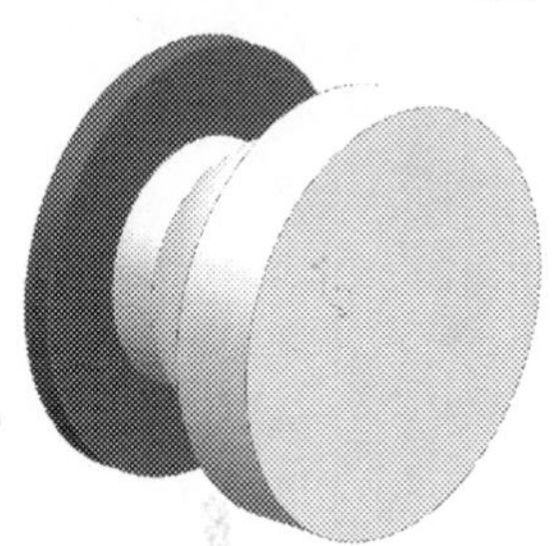

3. *Knauf* (K5) erzeugen
⇨ Stirnfläche des Knaufs (K4)
⇨ *Durchmesser* (**`D_Rohr+(2*T)`**); *Höhe* (3)
⇨ *Positionierung* (Mittelpunkt Kante von K4)

IV. Bohrungen (B6, B7) und Kugel (S8)

1. *Bohrung* (B6)
⇨ *Allgemeine Bohrung*
⇨ *Position* über *Punkt* (Punktefang beachten)
(Mittelpunkt der Kreiskante Stirnfläche Z1)
⇨ *Durchmesser* (**`D_Kugel`**); *Tiefe* (30)

2. *Bohrung* (B7)
⇨ *Allgemeine Bohrung*
⇨ *Position* über *Punkt*
(Mittelpunkt der Kreiskante Stirnfläche K5)
⇨ *Tiefenbegrenzung* (**Durch Körper**)
⇨ *Durchmesser* (**D_Rohr**)

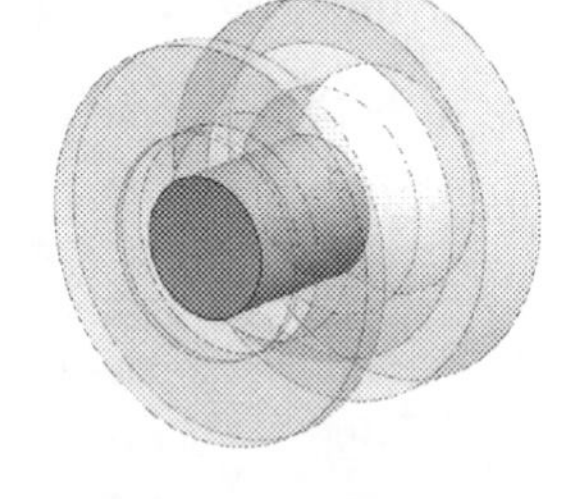

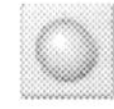

3. *Kugel* (S8)
⇨ *Durchmesser* **D_Kugel**
⇨ Punkt (0;0;0)
⇨ Boolesch: *Subtrahieren*

Überprüfung der Konstruktion mit Hilfe der Schnittdarstellung.

Strg +H

V. Wellenaufnahme (E9) als Extrusion aus Skizze

1. Arbeits-Layer (61)
⇨ *Bezugsebene*...(D2)
⇨ XY-Ebene des KOOS wählen
⇨ *Punktefang* auf *Quadrantenpunkt*
⇨ oberen Quadrantenpunkt von Kante Z2
⇨ *Anwenden*

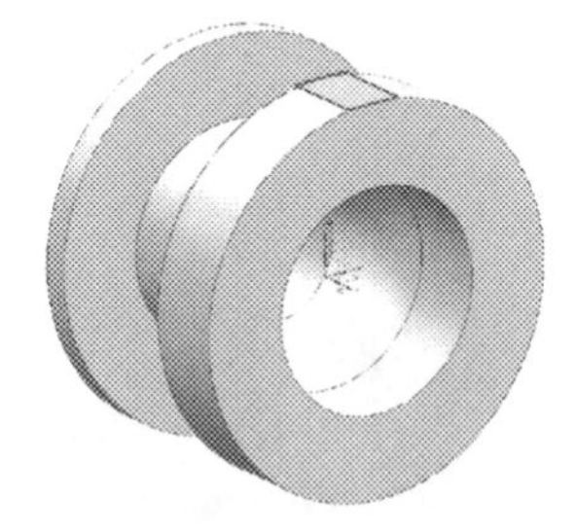

2. *Bezugsebene*... (D3)
⇨ *Bezugsebene* (D2) wählen
⇨ *Abstand* (**T/3**)
⇨ *OK*

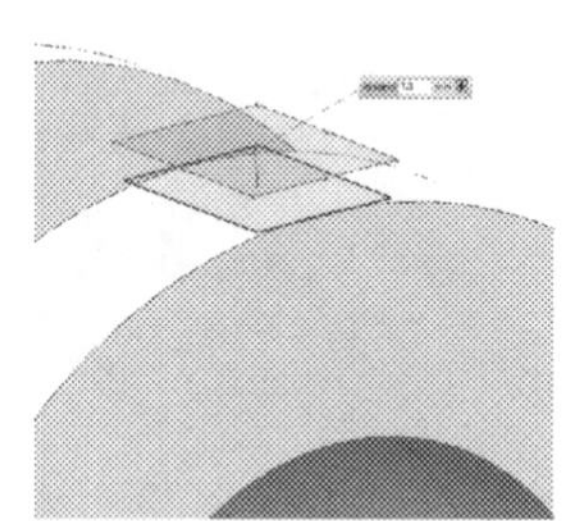

3. Arbeits-Layer (21)
⇨ *Skizze ...*
⇨ *Bezugsebene* (D3) wählen
⇨ *Horizontale Referenz* (X-Achse des KOOS)
⇨ *OK*

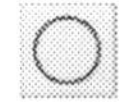

⇨ *Kreis* erzeugen ⇨ <u>Mittelpunkt</u> des Kreises auf die KOOS-Achsen X und Y legen
⇨ *Kreis* (Durchmesser=50)

⇨ *Skizze beenden (Strg+Q)*

4. Arbeits-Layer (1)
⇨ *Extrusion* (E9) ⇨ Kreis aus Skizze wählen ⇨ *Vektorrichtung* (-Z)
⇨ *Start Abstand* (0); *Ende* (Bis zum Nächsten) ⇨ *Boolesch*: Vereinigen
⇨ *Aushebeschräge* (von Startgrenze) ⇨ Winkel (-2) ⇨ *OK*

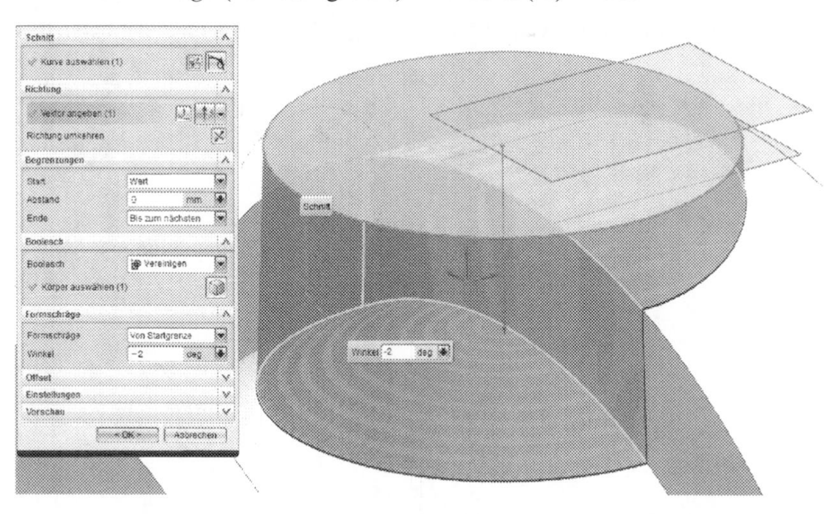

VI. Stufenbohrung (B10) in (E9); Befestigungsbohrungen (B11, B12)

1. *Bohrung* (B10) ⇨ *Allgemeine Bohrung*
⇨ *Flachsenkung*
⇨ *Position* über *Punkt* (Mittelpunkt Kreiskante E9)
⇨ *Senkdurchmesser* (32); *Senktiefe* (15)
Durchmesser (24)
⇨ *Tiefenbegrenzung* (Bis zum nächsten)

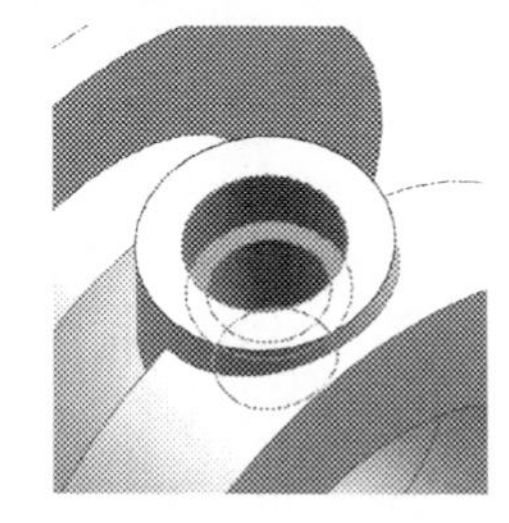

Sollte die Bohrung nicht oder nur teilweise den Körper durchdringen, so kann es sein, dass in vorherigen Schritten die Booleschen Operationen *Vereinigen* nicht korrekt durchgeführt wurden und demnach nur durch einen Körper (nicht durch mehrere) geschnitten wird.

2. *Bohrung* (B11) ⇨ *Allgemeine Bohrung*
⇨ *Einfach*
⇨ *Platzierungsfläche* (Kreisringfläche K5)
⇨ *Position* über *Skizzenschnitt*
⇨ *Tiefenbegrenzung* (Bis zum nächsten)
⇨ *Durchmesser* (12)
⇨ *Punkt auf Linie* (Z-Achse)
⇨ *Parallel* (Mittelpunkt K5)
⇨ *Abstand* `(D_Kugel/2)+T`

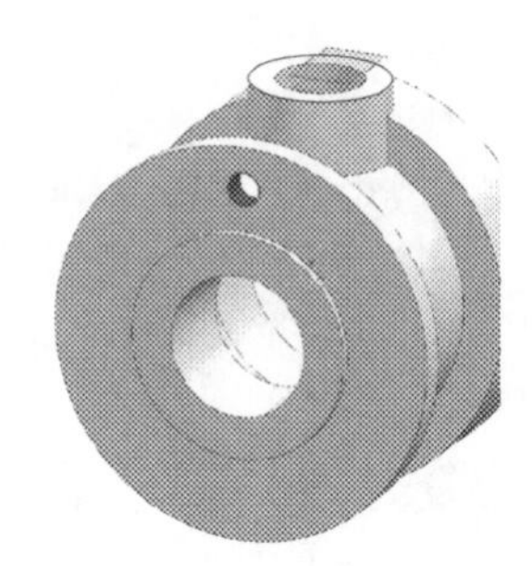

5.2 Assoziative Kopien, Gruppen, Gewinde – Gehäuse 1

Kopieren von bereits erzeugten Geometrien ist eine wesentliche Funktion für das zügige Arbeiten. Wir haben in NX mehrere Möglichkeiten zur Verfügung, um sowohl assoziativ zum Original verknüpfte Kopien als auch unabhängige Kopien zu erzeugen.

Musterelement kopiert gewählte Formelemente assoziativ in verschiedene Felder. Die Anzahl der Kopien ist beliebig.

Geometrie kopieren kopiert alle Geometrie-Element-Typen außer Formelemente. Dabei können die Kopier-Typen von Punkt zu Punkt, spiegeln, verschieben, drehen oder entlang eines Pfades gewählt werden. Die Anzahl der Kopien ist beliebig. Ein Beispiel für diese Funktion steht im Download-Bereich bereit.

Spiegel-Formelement spiegeln Geometrie an einer gegebenen Bezugsebene. Erstere spiegelt ausschließlich Formelemente assoziativ, die zweite ausschließlich Volumen- oder Flächenkörper. Die Körper sind nach der Spiegelung ebenso assoziativ aber zwei Körper (d. h. für einen Körper müssen beide noch vereinigt werden). Die Anzahl der Kopien ist je Formelement oder Körper 1.

Ausschneiden (*Strg+X*)/ Kopieren (Strg+C) / Einfügen (Strg+V) sind angelehnt an die Windows-Funktionen. Kopiert gewählte Formelemente auch teileübergreifend. Beim Kopieren der Formelemente müssen wir die Referenzen, auf denen das Formelement basiert erneut zuweisen. Die Anzahl der Kopien ist je Formelement 1.

Musterelement

erzeugt Felder assoziativer Kopien (Instanzen) von vorhandenen Formelementen. Wird die Original-Instanz in Parametern oder Position verändert, werden die Instanzen gleichwertig geändert. Instanzen von Formelementen können nur im gleichen Körper wie die Original-Instanz erzeugt werden und können nicht ohne Weiteres im freien Raum (ohne Körper-Bezug) erzeugt werden. Dies geht nur mit *Formelement-Gruppen* oder mit der Funktion *Geometrie kopieren* (Drop-Down Liste im Dialog Musterelement *Einstellungen*).

Das Layout für die Musterdefinition ist vielfältig. Je nach Layout werden unterschiedliche Referenztypen erwartet. Zumeist werden diese über Punkt- und Vektor-Konstruktor sowie der entsprechenden Geometrieauswahl definiert.

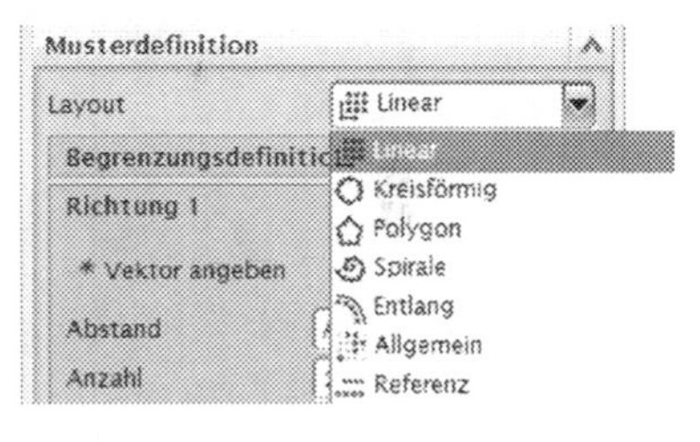

3. *Musterelement* (B11) (Bild nächste Seite)
⇨ *Layout* ⇨ *Kreisförmig*
⇨ Formelement (B11) aus Navigator oder interaktiv auswählen
⇨ *Abstand* (Anzahl und Spanne)
⇨ *Anzahl* (4) *Spannwinkel* (360) ⇨ *OK*

Es wird stets die Gesamtanzahl der Formelemente im Feld angegeben.

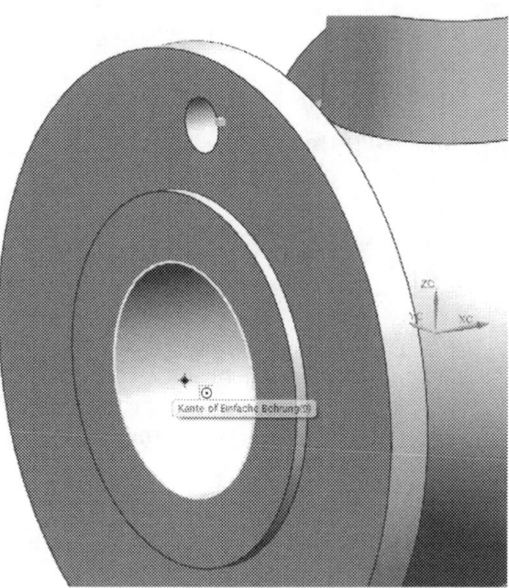

Im Teile-Navigator sind die Muster-Instanzen als Gruppe hinterlegt.

Die Instanzen können einzeln angewählt werden und nachträglich editiert oder gelöscht werden.

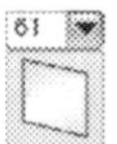

4. Arbeits-Layer (61)
⇨ *Bezugsebene (E3)*
⇨ XZ-Ebene und anschließend X-Achse des KOOS wählen
⇨ *Winkel* (30)
⇨ Ebene über die Punkt-Handles auf die entsprechende Größe ziehen
⇨ *OK*

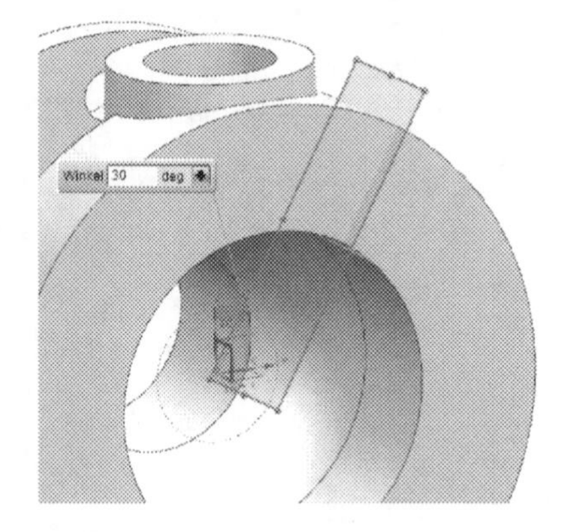

5. Arbeits-Layer (1)
⇨ *Bohrung* (B12) ⇨ *Gewindebohrung*
⇨ *Position* über *Skizzenschnitt* (Kreisringfläche Z2)

⇨ Referenzlinie erzeugen
⇨ Startpunkt auf Koordinatenursprung
⇨ Endpunkt auf Bohrungspunkt
⇨ kolinear zu Ebene (3)
⇨ Länge der Linie **`(D_Kugel/2)+T`**

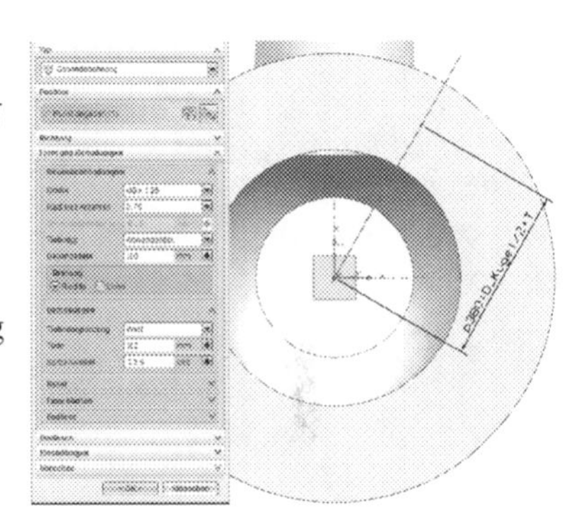

⇨ *Größe* (**`M8x1.25`**)
⇨ *Gewindetiefe* (**`20`**)
⇨ *Tiefenbegrenzung* Wert
⇨ *Tiefe* (**`22`**); *Winkel* (**`118`**)

6. *Musterelement* (**`B12`**)
⇨ *Layout* ⇨ *Kreisförmig*
⇨ Formelement (B12) aus Navigator oder interaktiv auswählen
⇨ *Abstand* (Anzahl und Steigung)
⇨ *Anzahl* (6) *Steigungswinkel* (60)
⇨ *OK*

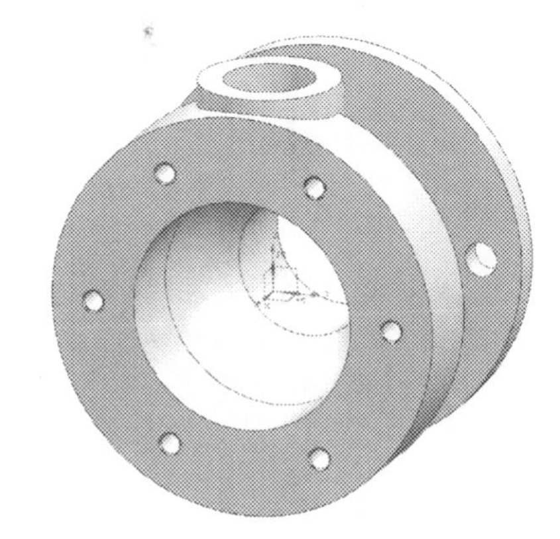

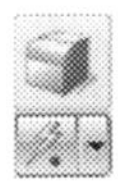

7. *Kantenverrundung*
⇨ Kante (E9 und S1) wählen
⇨ *Radius* (3)
⇨ *Variable Radiuspunkte*
⇨ *Ermittelter Punkt*
⇨ *Punktefang auf Endpunkt und Quadrantenpunkt*
⇨ Endpunkt wählen ⇨ *Radius* (3)

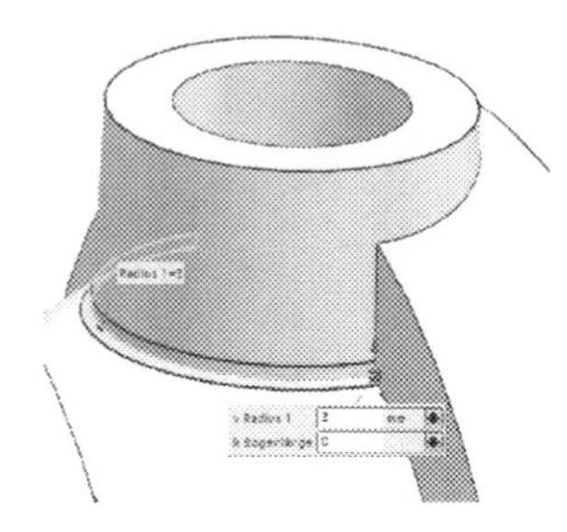

⇨ Quadrantenpunkt wählen
⇨ die Liste der *Variablen Radiuspunkte* wird erweitert
⇨ *Radius* (9)
⇨ gegenüberliegenden Endpunkt wählen
⇨ *Radius* (3)
⇨ OK

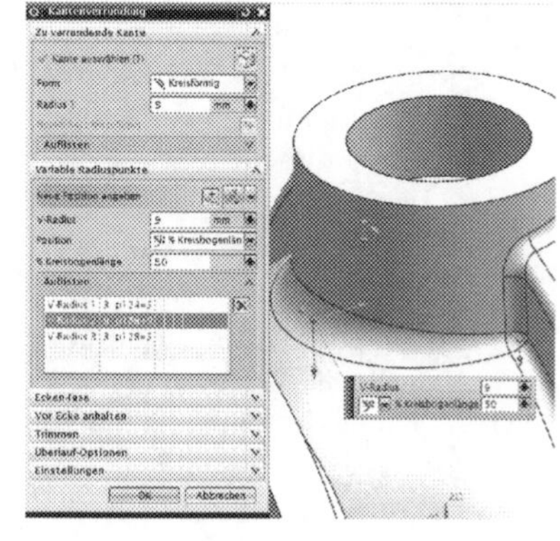

8. *Kantenverrundung*
⇨ übrige zu verrundende Kanten mit *Kurvenregel: Tangentiale Kurven auswählen* ⇨ *Radius* (3) ⇨ *OK*

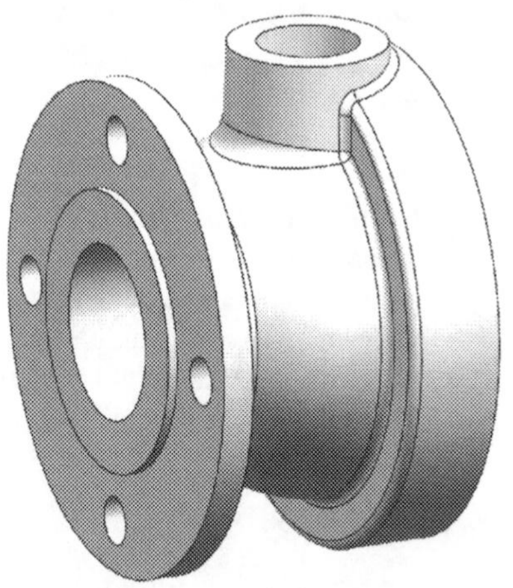

Nun variieren wir unsere Führungsparameter auf sinnvolle Werte, z. B.
D_Kugel = 100
D_Rohr = 60
T = 20

Anschließend setzen wir die Parameter wieder auf die Ausgangsdaten, damit die Komponenten in unserem späteren Zusammenbau auch zusammen passen.

10. *Kantenverrundung*
⇨ übrige zu verrundende Kanten mit *Kurvenregel: Tangentiale Kurven auswählen* ⇨ *Radius* (3) ⇨ *OK*

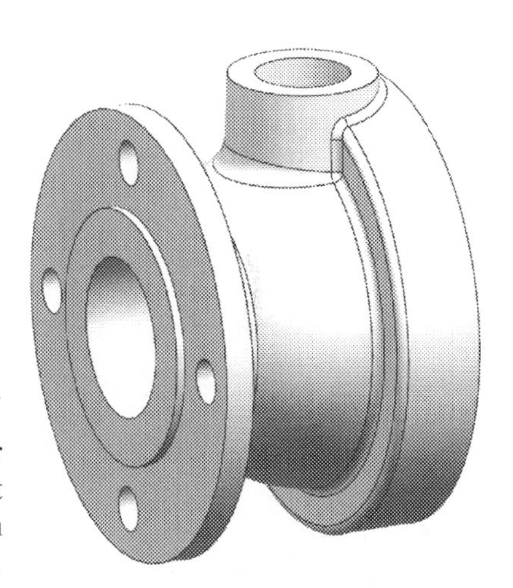

Nun variieren wir unsere Führungsparameter auf sinnvolle Werte, z. B.
D_Kugel = 100
D_Rohr = 60
T = 20

Anschließend setzen wir die Parameter wieder auf die Ausgangsdaten, damit die Komponenten in unserem späteren Zusammenbau auch zusammen passen.

5.3 Parametrisches Arbeiten mit Skizzen - Gehäuseteil 2

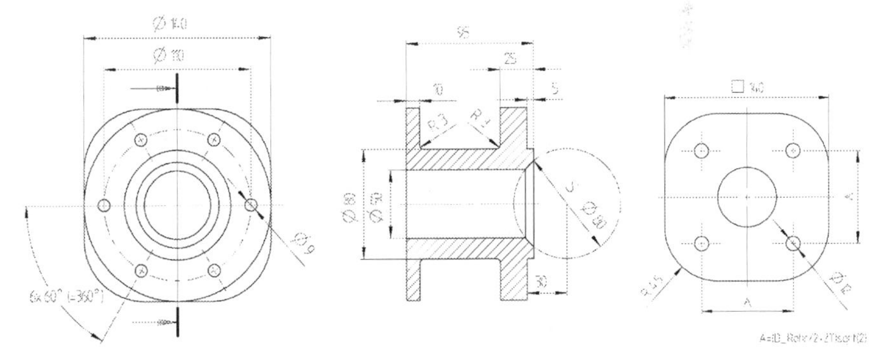

Vorgehensweise

I. Führungsparameter
II. Querschnittsskizzen und Rotation
III. Skizze und Extrusion des quadratischen Flansches

I. Führungsparameter

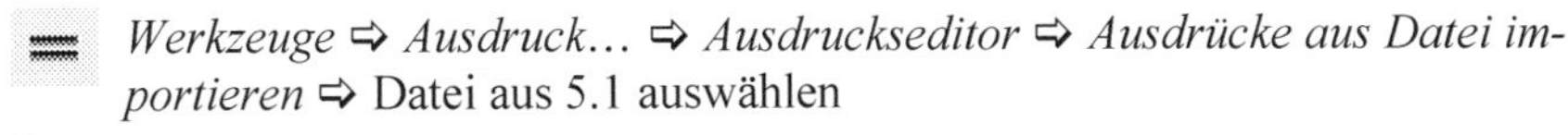

Werkzeuge ⇨ *Ausdruck…* ⇨ *Ausdruckseditor* ⇨ *Ausdrücke aus Datei importieren* ⇨ Datei aus 5.1 auswählen

Strg +E

Die Parameter **D_Kugel**; **D_Rohr** und **T** sollten nun mit den zugehörigen Werten importiert worden sein.

II. Querschnittsskizzen und Rotation

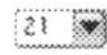

1. Arbeits-Layer (21)
⇨ *Skizze* (XY-Ebene des KOOS)
⇨ Skizzieren der nebenstehenden Grundkontur

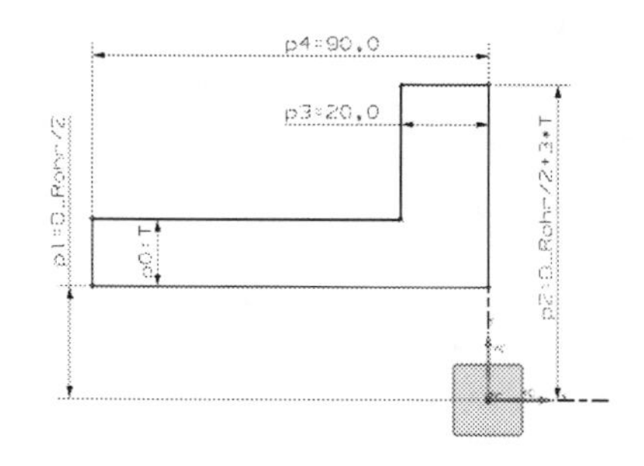

Die rechte vertikale Linie ist kolinear zur Y-Achse definiert. Die oberen zwei Flanschlinien sind ebenfalls parallel. Die Durchmesser-Maße sind durch Parameter-Formeln bestimmt.

2. Arbeits-Layer (1) ⇨ Rotation der Skizze um die X-Achse des KOOS

3. *Extrusion*
⇨ *Typenfilter: Kante*
Kurvenregel: Einzelne Kurve
⇨ innere Kreiskante wählen

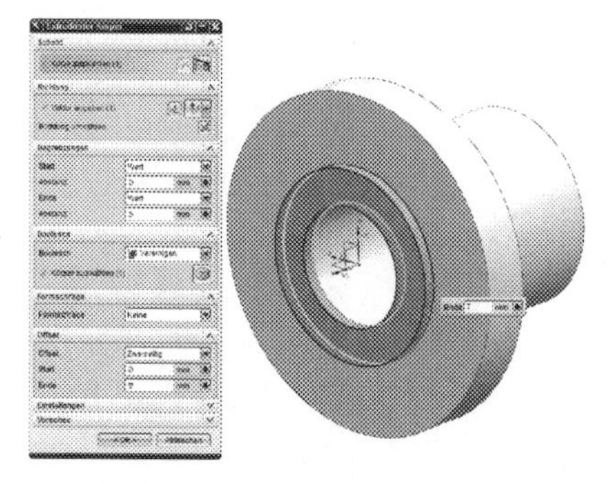

Damit basieren wir die Extrusion auf die Kante. Damit wir einen Körper erhalten, geben wir zusätzlich noch einen Offset an.

⇨ *Begrenzungen Abstand* (0); *Abstand* (5)
⇨ *Boolesch*: Vereinigen
⇨ Zweiseitiger *Offset: Start* (0); *Ende* (T) ⇨ *OK*

4. Arbeits-Layer (22)
⇨ *Skizze* (XY-Ebene des KOOS)
⇨ Skizzieren des nebenstehenden Kreisbogens mit den beiden Linien als *Referenz*

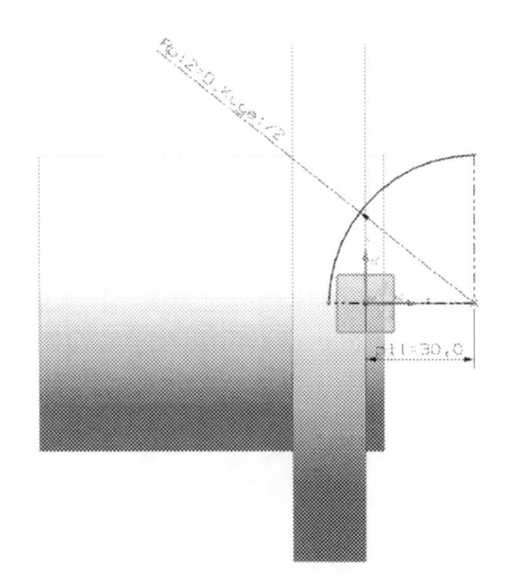

Die horizontale Linie ist kolinear zur X-Achse, Radius ist eine Formel aus dem Kugeldurchmesser.

5. Arbeits-Layer (81)
⇨ Rotation der Skizze um X-Achse
⇨ *Winkel* (0) bis (360)
⇨ *Boolesch: Keine*
⇨ *Einstellungen: Körpertyp* (Fläche)

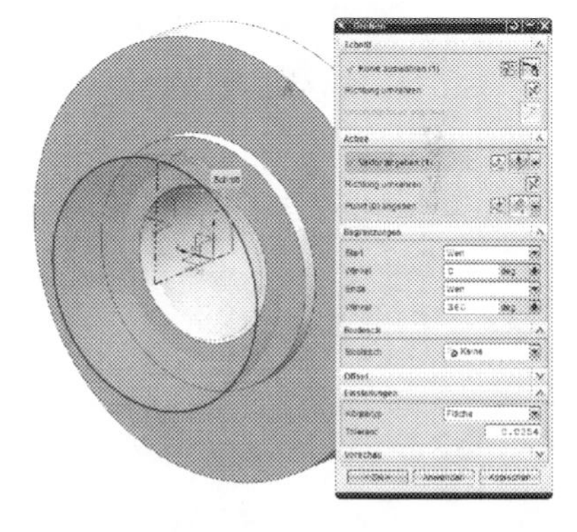

Damit erstellen wir uns eine Fläche. An dieser Fläche trimmen wir anschließend den Körper.

6. Arbeits-Layer (1)
⇨ *Körper trimmen*
⇨ *Ziel:* Volumenkörper auswählen
⇨ *Werkzeug*: unsere Fläche aus 5.
⇨ ggf. die Trimm-Richtung umkehren (Doppelklick auf den grünen Pfeil am Modell oder mit dem Icon im Dialog)

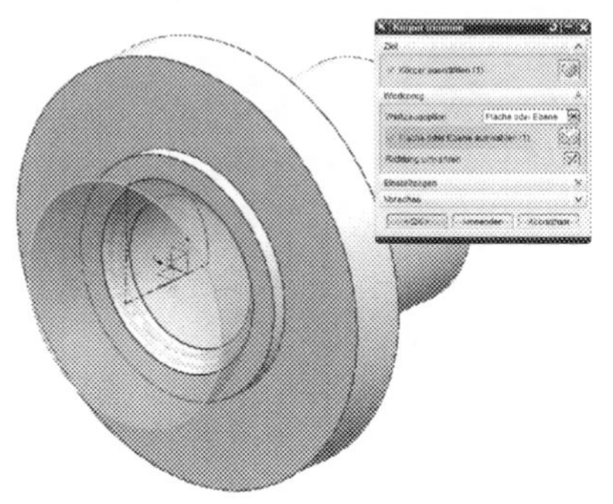

Strg +L ⇨ Layer (81) ausblenden

Das Erstellen einer Werkzeug-Fläche aus einer Skizze für das Trimmen eines Körpers ist ein beliebtes Vorgehen zum Aufbau komplexer Geometrien. Darüber hinaus ist es einfach und erfordert es keine komplette Körperdefinition.

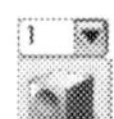

7. Arbeits-Layer (1)
⇨ *Bohrung* ⇨ *Schraubenfreiraumbohrung*
⇨ *Platzierungsfläche* (Kreisringfläche)
⇨ *Positionierung* über Skizze
⇨ Referenzlinie erzeugen
⇨ Startpunkt auf Koordinatenursprung
⇨ Endpunkt auf Bohrungspunkt
⇨ Winkel zwischen X-Achse und Linie **30°**
⇨ Länge der Linie **(D_Kugel/2)+T**

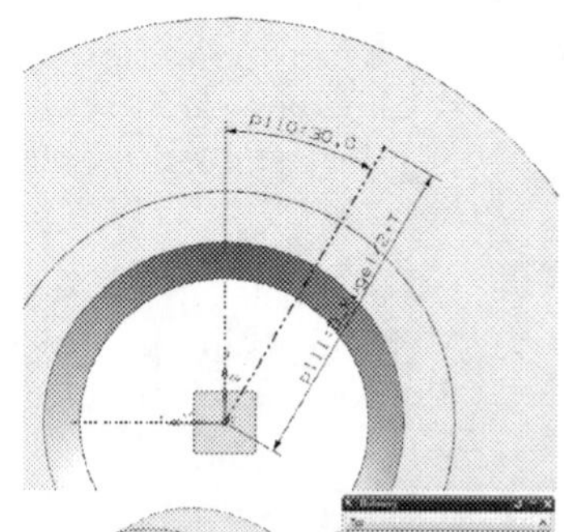

⇨ *Schraubengröße* (M8)
⇨ *Einpassen* (Normal (H13))
⇨ *Tiefenbegrenzung* Bis zum nächsten

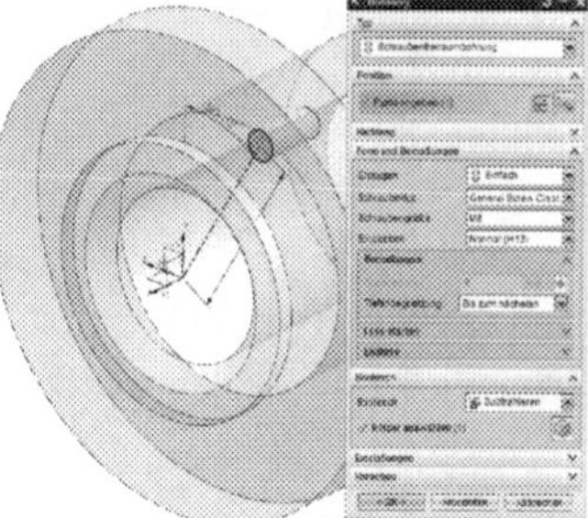

8. *Musterelement*
⇨ *Layout* ⇨ *Kreisförmig*
⇨ Formelement aus Navigator oder interaktiv auswählen
⇨ *Abstand* (Anzahl und Steigung)
⇨ *Anzahl* (6) *Steigungswinkel* (60)
⇨ *OK*

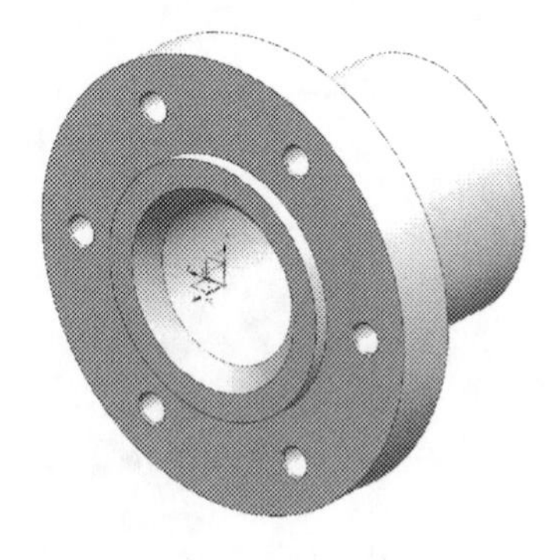

III. Skizze und Extrusion des quadratischen Flanschs

1. Arbeits-Layer (23)
⇨ *Skizze* (XY-Ebene des KOOS)
⇨ Köper ausblenden *(Strg+B)*
⇨ Layer (21) einblenden *(Strg+L)*
⇨ Skizzieren der nebenstehenden Linie
⇨ Linie und dargestellte Linie aus Skizze (Layer 21) sind *kolinear*, *Punkt auf Linie* mit Startpunkt und X-Achse sowie Endpunkt und Flanschabschlußlinie (auf Layer 21)

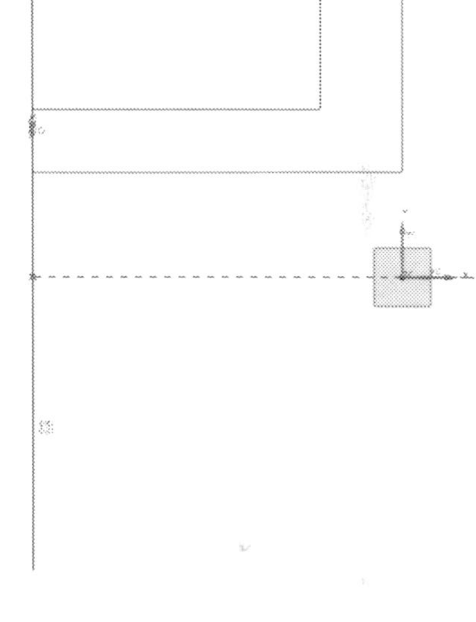

2. Linie aus 1. an X-Achse spiegeln
⇨ *Kurve spiegeln*
⇨ X-Achse und anschließend Linie wählen

Für das Erstellen unseres quadratischen Flansches benötigen wir keine zusätzlichen Maße. Die bestehenden Parameter werden hier durch geometrische Beziehungen genutzt.

⇨ Skizze beenden (*Strg+Q*)
⇨ Körper einblenden *(Strg+Shift+U)*

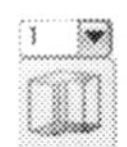

3. Arbeits-Layer (1)
⇨ *Extrusion*
⇨ Skizzenkurven aus 2. wählen
⇨ *Start* (Sym. Wert) *Abstand*
`(D_Rohr/2)+(3*T)`
⇨ *Ende* (gleiche Formel)
⇨ *Offset* (Zweiseitig)
⇨ *Start* (0); *Ende* (10)
⇨ *Boolesch:* Vereinigen

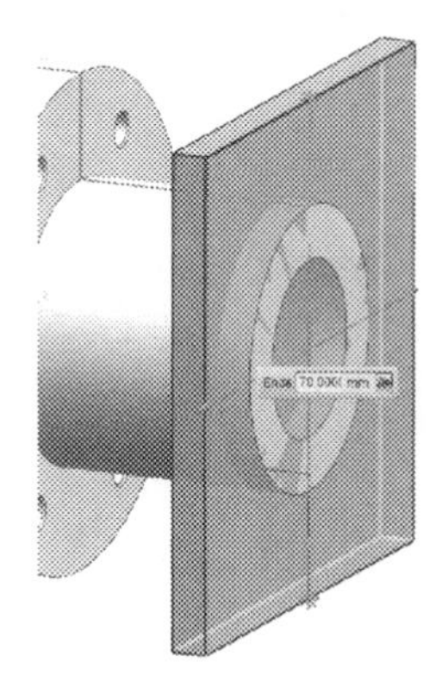

4. *Extrusion*
⇨ *Typenfilter: Kante*
Kurvenregel: Einzelne Kurve
⇨ Kante im Rohrinneren wählen
⇨ *Start* (0);
Ende (bis zum nächsten)
⇨ *Boolesch:* Subtrahieren
⇨ ggf. Körper auswählen

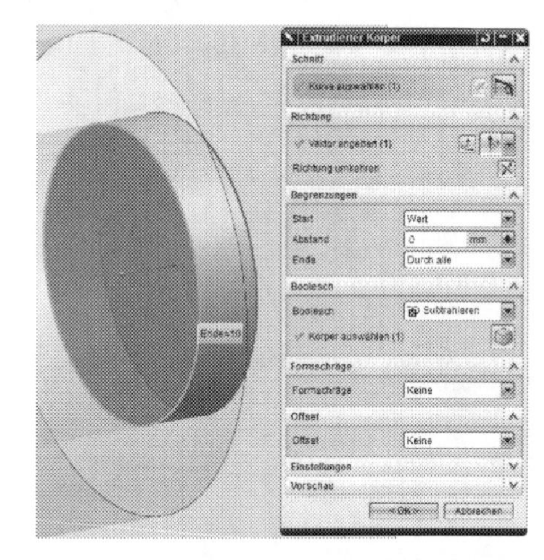

5. Kantenrundung
⇨ *Radius* (3*T)

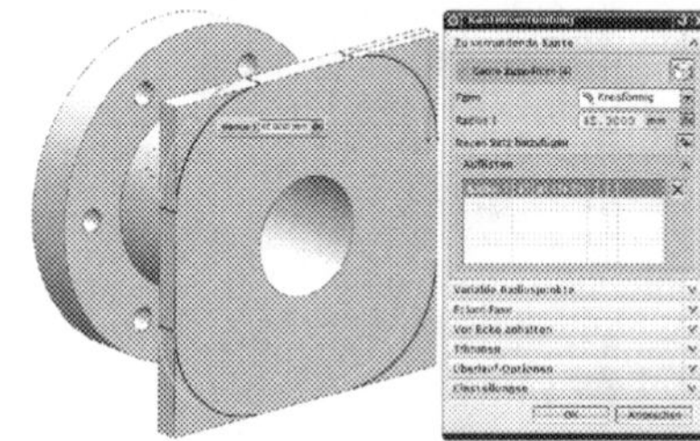

6. *Bohrung*
⇨ *Allgemeine Bohrung*
⇨ *Platzierungsfläche*
(Quadratfläche aus 3.)
⇨ *Position* über *Skizzenschnitt*
⇨ *Abstand*
((D_Rohr/2)+2*T) *sqrt(2)/2
⇨ *Abstand*
((D_Rohr/2)+2*T) *sqrt(2)/2
⇨ *Durchmesser* (12)
⇨ *Tiefenbegrenzung*
Bis zum nächsten

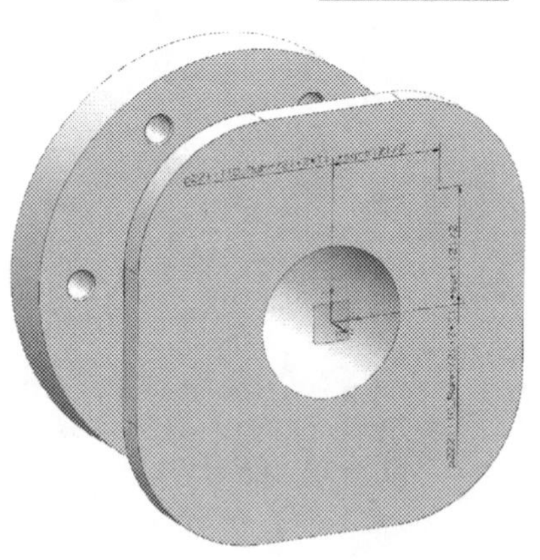

Anm. Dieses Beispiel soll zeigen, dass auch komplexere Mathematische Zusammenhänge in die Abhängigkeiten der Modelle eingebracht werden können

8. *Musterelement*
⇨ *Layout* ⇨ *Kreisförmig*
⇨ Formelement aus Navigator oder interaktiv auswählen
⇨ *Abstand* (Anzahl und Steigung)
⇨ *Anzahl* (4) *Steigungswinkel* (90)
⇨ *OK*

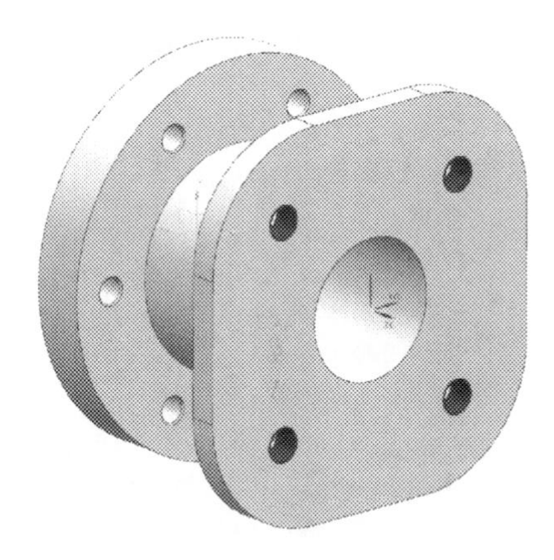

8. Restliche Kantenverrundungen *Radius* (3) anbringen

6 NX Administration

6.1 Umgebungsvariablen in NX

Wie in jeder Windows-Anwendung können vor dem Start bestimmte Umgebungsvariablen gesetzt werden. Dies kann in Windows vorgenommen werden (*Systemsteuerung* ⇨ *System* ⇨ *Erweitert* ⇨ *Umgebungsvariablen*) oder über eine Stapelverarbeitungsdatei (Batch).

Eine Standard-Batch-Datei zum Aufruf von NX finden wir im NX-Installationspfad …\UGII\ugii.bat. Davon legen wir uns eine umbenannte Kopie z. B. auf dem Desktop an und klicken in Windows mit der RMT auf *Bearbeiten*. Dann sehen wir folgenden Text. Nach dem Eintrag *rem set variables* können wir mit dem *set* Kommando unsere eigenen Variablen setzen. (z. B. für die Sprache der Oberfläche *set UGII_LANG = german*).

```
rem
setlocal
:set_display
if "%DISPLAY%" == "" set DISPLAY=LOCALPC:0.0
rem
rem Set variables.|
rem
rem UNIGRAPHICS requires the following PATH variable:
rem
set PATH=%UGII_BASE_DIR%\ugii;%PATH%
rem
rem
start "Title" "%UGII_ROOT_DIR%\"ugraf.exe %*
if ERRORLEVEL 1 goto error_exit
goto normal_exit
:server_error
echo ERROR: Unable to start Unigraphics.  The License server(s) defined in
echo        the UGII_LICENSE_FILE environment variable did NOT respond.
echo        Current Setting: %UGII_LICENSE_FILE%
echo        Check:  UGII_LICENSE_FILE and that server(s)
echo                are running.
echo        To check the server(s) use:
echo        disk:\ugs170\ugflexlm\lmutil lmstat -c %%UGII_LICENSE_FILE%%
rem
:error_exit
pause
:normal_exit
endlocal
@echo on
```

Anschließend starten wir NX über diese Batch-Datei. Eine Beispiel-Batch-Datei kann man aus unserem Download-Bereich herunterladen und anpassen.

6.2 Anwenderstandards

Wie jedes CAx-System, bietet NX eine Reihe von Voreinstellungen, die je nach Anwender und Anwendungsfall konfiguriert werden können. Diese Voreinstellungen beeinflussen die Darstellung der Benutzungsoberfläche, von Objekten als auch das Verhalten des Systems während des Arbeitens. Einige Voreinstellungen haben wir bereits kennengelernt. Diese sind Bauteil-bezogen, d. h. nur im jeweiligen Bauteil gespeichert. Weiterhin gibt es in NX globale Voreinstellungen. Diese sind über das Menü *Datei* ⇨ *Dienstprogramme* ⇨ *Anwenderstandards…* durch folgenden Dialog erreichbar.

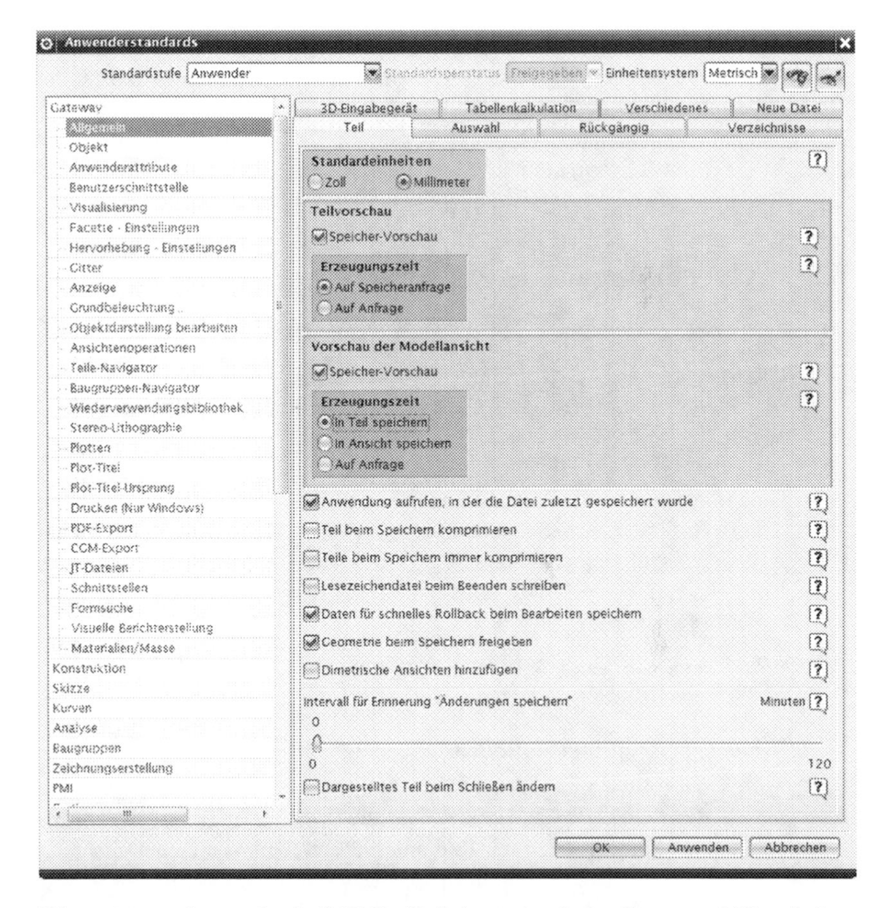

Diese Anwenderstandards (NX-Defaults) werden beim Start von NX geladen und sind schreibgeschützt und können nicht verändert werden. Die Standards werden in *.dpv, *.xsl Dateien in Form einer Baumstruktur (XML) abgelegt. Der Status (Schreibgeschützt) ist abhängig von den betriebssystemseitigen Zugriffsrechten auf die *.dpv Datei.

Für den Fall des Einzelanwenders können wir die Standards über eine separate Umgebungsvariable definieren, die vor dem Start von NX definiert wird. Dies kann über eine Stapelverarbeitungsdatei (batch) oder über eine im Windows definierte Umgebungsvariable geschehen. Diese Umgebungsvariable muss auf eine *.dpv Datei zeigen. Beispielsweise:

UGII_LOCAL_USER_DEFAULTS = X:\directory\nx85_local_user.dpv

Diese *.dpv muss dafür im angegebenen Ordner noch nicht existieren. Die *.dpv wird bei der ersten Änderung der Anwenderstandards dort automatisch generiert und weiterhin genutzt. Änderungen an den Anwenderstandards werden erst beim Neustart von NX übernommen. Im Dialog *Anwenderstandards* ist die *Standardstufe* nicht mehr auf den Status (Schreibgeschützt) gesetzt und Änderungen werden in der angegebenen Datei gespeichert.

6.3 Einstellungen für das weitere Arbeiten

Die Vielzahl an möglichen Voreinstellungen ist für einen NX-Einsteiger nahezu unüberschaubar. Dennoch müssen wir für das weitere Arbeiten in den Anwenderstandards einige Änderungen vornehmen.

Rollback ausschalten

Das Bearbeiten von Formelementen erfolgt in NX per Voreinstellung mit einem Rollback (einem Zurücksetzen des Zeitstempels). Dies ist für ein Arbeiten im Kontext einer Baugruppe eher hinderlich, da Baugruppen-Referenzen u. U. verschwinden können. In den Anwenderstandards stellen wir daher Folgendes ein:

Konstruktion ⇨ *Allgemein* ⇨ Reiter *Verschiedenes* ⇨ *Bearbeiten mit Rollback beim Doppelklicken* (aus) ⇨ *Anwenden*

Wiederverwendungsbibliothek aktivieren

In NX haben wir eine erweiterbare Normteilbibliothek zur Verfügung. Aus dieser Bibliothek werden wir für unsere Ventil-Baugruppe Normteile verwenden. Diese aktivieren wir folgendermaßen (sofern nicht bereits aktiv):

Gateway ⇨ *Wiederverwendungsbibliothek* ⇨ Reiter *Allgemein* ⇨ NX nativ ⇨ *Wiederverwendungsbibliothek anzeigen* (an) ⇨ *Anwenden*

Nach dem Neustart erhalten wir eine neue Palette in der Ressourcen-Leiste.

Zeichnungseinstellung

Hier nehmen wir noch einige Voreinstellungen für die spätere Zeichnungserstellung vor.

Zeichnungserstellung ⇨ *Allgemein* ⇨ Reiter *Standard* ⇨ *Standard für Zeichnungserstellung* (DIN versandt) Der nebenstehende Button *Customize Standard* erlaubt eine detaillierte Einstellung (sehen wir später in der Zeichnungserstellung) ⇨ *Anwenden*

6.4 Schablonen-Dateien

Die Schablonen-Dateien, die wir bereits am Anfang des Buches genutzt haben, sind ebenfalls *.prt-Dateien. Diese sind im NX-Installationspfad /UGII/templates abgelegt. Die Klassifikation und Identifikation wird über Paletten-Dateien (den *.pax – Files) realisiert. Eine *.pax-Datei ist eine offen editierbare xml-Datei. Eine detaillierte Anleitung steht im Download-Bereich zur Verfügung.

6.5 Online-Dokumentation

Zu einer NX-Installation gehört ebenso eine webbasierte Online-Dokumentation (sofern diese installiert ist). Die Dokumentation ist in englischer Sprache gehalten und erläutert die einzelnen Features und Funktionen. Die Online-Hilfe kann im Kontext einer Funktion über die F1-Taste aufgerufen werden (z. B. wenn der Dialog *Quader* aktiv ist) und zeigt den entsprechenden Inhalt der Dokumentation.

Sollte die umfangreiche Online-Dokumentation an einen anderen Ort als dem Standard-Installations-Verzeichnis installiert sein, so kann darauf über die folgende Umgebungsvariable (in Windows oder in der Start-Batch gesetzt) referenziert werden:

UGII_UGDOC_BASE_DIR= <Verzeichnis der Dokumentation>

6.6 Updates

In regelmäßigen Abständen werden von Siemens PLM® Updates zu den verschiedenen NX-Versionen ausgegeben. Diese Updates beinhalten zum Teil neue oder hinsichtlich Stabilität und Leistung verbesserte Funktionalitäten. Aufgrund dieser kontinuierlichen Weiterentwicklung der Funktionen ist es wichtig zu wissen, mit welcher Update-Version von NX derzeit gearbeitet wird.

Hierbei muss zwischen einem QRM (Quality Release Management - vergleichbar mit einem großen Service Pack), einem IRM (Instant Release Management) und einem MP (Maintenance Pack) unterschieden werden. Die Version der Basis-NX-Installation seht Ihr in der Kopfinformation in NX (z. B. NX). Unter Menü *Hilfe* ⇨ *Info über NX* seht Ihr die QRM-Version und weiter ⇨ *Systeminformation* die installierten MPs (z. B. NX8.5.0.23). QRMs sind unabhängig voneinander auf der NX-Basis-Version installierbar. IRMs und MPs sind nur für ein bestimmtes QRM aufgebaut.

7 Baugruppen

7.1 Baugruppenstrategien Top-Down und Bottom-Up

Für das Bearbeiten von Baugruppen stehen in NX verschiedene Funktionen in *Start* ⇨ *Baugruppen* (engl. Assemblies) zur Verfügung. Die Anwendung wird der Anwendung *Konstruktion* zugeschaltet. Erkennbar ist dies, dass die Toolbar *Baugruppen* im unteren Bereich hinzugeschaltet wird.

Baugruppen werden in NX genau wie Einzelteile als *.prt-Dateien gespeichert. Eine Baugruppe besteht aus Komponenten. Komponenten können auf Einzelteile oder Unterbaugruppen verweisen.

Komponenten bestehen in Baugruppenstrukturen aus Verweisen (Referenzen) auf die Bauteile sowie Komponenteneigenschaften wie Position, Farbe, Reference-Set etc. Die Geometrie bzw. Baugruppenstruktur aus darunterliegenden Bauteilen verhalten sich stets assoziativ in der Baugruppe.

In Baugruppendateien sind im Normalfall Produktstrukturen, Referenzen und Positionen der Komponenten abgelegt (zusätzlich evtl. Zeichnungen oder vereinzelt Geometrien). Für das Laden einer Baugruppe genügt das Öffnen der hierarchisch obersten Baugruppe. Dadurch wird automatisch die vorhandene Baugruppenstruktur (hier gleichbedeutend mit Produktstruktur) aufgerufen. Je nach *Ladeoption* und individuellem Aufruf werden die Komponenten *geladen*, *teilweise geladen* oder *nicht geladen.*

Der Aufbau von Baugruppen kann mit folgenden Vorgehensweisen erfolgen:

Top-Down

bedeutet, dass zunächst eine Baugruppenstruktur ohne geometrisch vorhandene Komponenten (von oberster Strukturebene zur unteren) angelegt wird. Somit können in eine vorgegebene Produktstruktur die noch leeren Komponenten erzeugt und später detailliert werden. Vorteilhaft ist dieses Vorgehen für Neukonstruktion, in denen die Produktstruktur und die Details anfangs noch wenig bekannt sind und erst im Laufe der Entwicklung definiert werden.

Bottom-Up

bedeutet, die Einzelteile oder Unterbaugruppen sind bereits vorhanden und werden zu einer Baugruppe zusammengefügt (dies sehen wir am Beispiel unseres Ventils). Hierfür können absolute Ausrichtungen und relative Positionierungsbedingungen genutzt werden. Vorteilhaft ist diese Vorgehensweise bei Anpassungs- und Änderungskonstruktionen.

Praxisbezug

In der Entwicklung neuer Produkte werden diese zunächst von der Produktstruktur her geplant und anschließend wird die Geometrie konstruiert. Dabei wird natürlich auf das bestehende Know-How in Form von vorhandenen Komponenten zurückgegriffen, die dann original oder in abgeänderter Form in die neue Produktstruktur eingebunden werden. Demnach ist eine strikte Trennung beider Vorgehensweisen meist nicht möglich, und es wird stets eine Mischung aus beiden Vorgehensweisen angewendet.

7.2 Baugruppen-Navigator

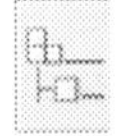

Im Baugruppen-Navigator ist die Struktur einer Baugruppe in Form eines Baumdiagramms abgebildet. Hier können wir die Darstellung einzelner Komponenten editieren, die Baugruppen-Struktur verändern oder in einzelne Komponenten „hinein springen“ also aktivieren, um diese in der Anwendung Konstruktion im Baugruppenkontext zu verändern.

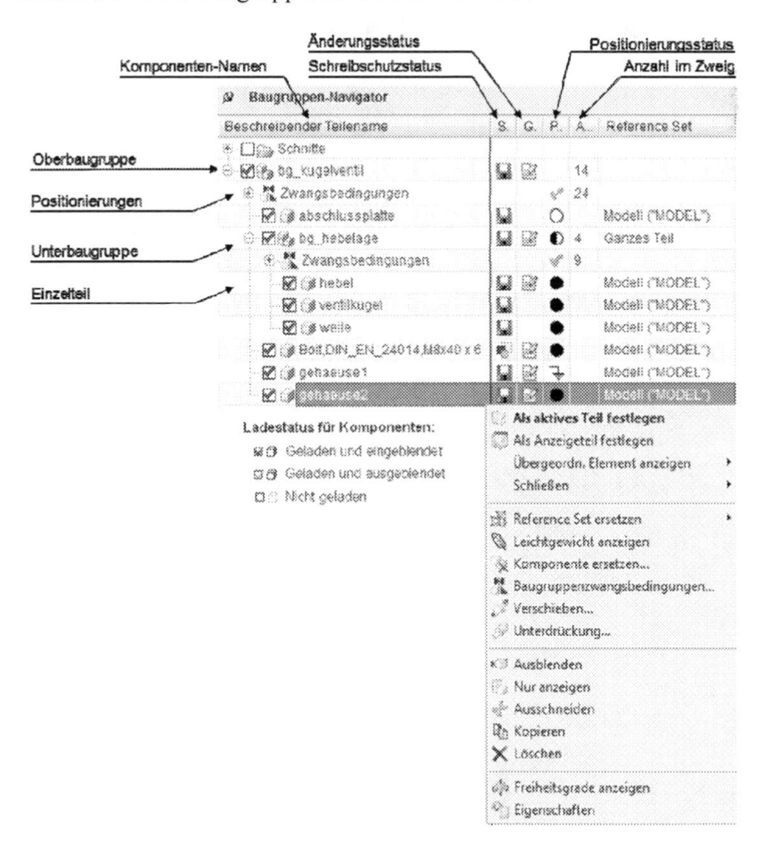

Aktive Komponenten

werden durch gelbe Komponenten-Icons im Baum dargestellt. Alle anderen nicht zur aktiven Komponente gehörenden sind dann grau und werden im Grafikbereich standardmäßig grau/türkis angezeigt. Es kann immer nur eine aktive Komponente geben. Ist die Oberbaugruppe aktiv, sind alle darunterliegenden Komponenten ebenfalls aktiv.

Die **Checkbox** vor den einzelnen Komponenten gibt an, ob diese Komponenten ist geladen und angezeigt wird - wie in der vorangegangenen Abbildung unserer künftigen Baugruppenstruktur des Baugruppen-Beispiels zu sehen.

Kontextmenü der Komponenten

kann über RMT im Baugruppen-Navigator oder im Grafikfenster über RMT auf eine Komponente aufgerufen werden (siehe voriges Bild). Hier können wir verschiedene Operationen für Komponenten auswählen oder Funktionen zur Baugruppen-Verwaltung aufrufen. Dazu zählen das Aktivieren bzw. Öffnen des dargestellten Teils mit der Möglichkeit, Änderungen in der Umgebung Konstruktion durchzuführen und somit im Kontext der Baugruppe konstruieren zu können. Befinden wir uns in einem Einzelteil, können wir im Baugruppen-Navigator mit Übergeordn. Element anzeigen in die darüberliegenden Baugruppen zurückkehren und parallel zur Konstruktion die Baugruppe erweitern.

Die einzelnen Komponenten können per Drag & Drop in der Baugruppen-Struktur beliebig verschoben werden. Hiermit sollten wir jedoch vorsichtig arbeiten, da die Produktstruktur so leicht verändert werden kann und Positionierungsbedingungen verloren gehen können. Ganz nebenbei können so auch unbeabsichtigt Komponenten in anderen Strukturen verschwinden.

7.3 Positionierung von Komponenten

Werden vorhandene Komponenten zusammengebaut, können verschiedene Vorgehensweisen der Positionierung genutzt werden. Die Komponenten können beim Einbau in eine Baugruppe oder in der späteren Bearbeitung positioniert werden. Dafür sind nachfolgende Vorgehensweisen möglich (letztere zwei sind im Kontextmenü der Komponenten verfügbar):

Absoluter Ursprung

Die Komponente ist am KOOS der Baugruppe ausgerichtet (betrifft häufig zuerst eingefügte Komponenten oder Komponenten mit definierter Position).

Ursprung wählen

Die Komponente wird mit Hilfe des Punkt-Konstruktors am WCS der Baugruppe ausgerichtet.

Baugruppenzwangsbedingungen

Die Positionierung erfolgt paarweise anhand von Flächen, Achsen, Kanten etc. der jeweiligen Komponenten, die mit verschiedenen Bedingungstypen belegt werden können.

Komponente verschieben

Die Komponente kann nach dem Einfügen an die endgültige Position unter Beachtung bereits definierter Zwangsbedingungen verschoben werden. Hier ist auch eine Kollisionserfassung verfügbar.

7.4 Baugruppenzwangsbedingungen

Baugruppenzwangbedingungen dienen der Reduktion der Freiheitsgrade in der Baugruppe, bis die entsprechende Komponente an dem dafür vorgesehenen Ort im Kontext anderer Komponenten platziert ist. Oft werden mehrere Bedingungen nacheinander definiert, um alle Freiheitsgrade zu bestimmen.

Existierende alte Verknüpfungsbedingungen (vor NX5) können in neue Baugruppenzwangbedingungen umgewandelt werden. Dieser Prozess ist nicht reversibel. *Menü ⇨ Baugruppen ⇨ Komponentenposition ⇨ Verknüpfungsbedingungen konvertieren...*

Es wird nicht empfohlen, die alte Vorgehensweise mit Verknüpfungsbedingungen und die neue Vorgehensweise mit Baugruppenzwangsbedingungen gleichzeitig in einer Baugruppe anzuwenden. Also stets umwandeln, wenn Baugruppen aus Versionen vor NX5 bearbeitet werden sollen.

Typen von Zwangsbedingungen

sind nachstehend aufgeführt. Diese finden wir im Dialog *Baugruppenzwangsbedingungen.* Die Zuweisung der Bedingungen erfolgt oft paarweise anhand von Geometrieelementen unterschiedlicher Komponenten. Für die Auswahl stehen auch hier die bereits bekannte *Typenfilter* (Kapitel 2.3) zur Verfügung.

Berührung/Ausrichten (sehr häufig verwendet)

definiert Objekte, die übereinander liegen (z. B. Achse auf Achse oder Fläche auf Fläche). Bei Berührung stehen die Normalenvektoren in entgegen gesetzter Richtung, bei Ausrichten in die gleiche Richtung.

Abstand

verhält sich wie *Berührung/Ausrichten* mit definiertem Abstand zueinander.

Parallel

definiert Vektoren von Objekten parallel (ohne Abstand).

Winkel

definiert zwei Objekte im vorgegebenen Winkel zueinander.

Senkrecht

ist eine Sonderform von Winkel.

Mitte

zentriert ein oder zwei Objekte (z. B. Kante oder Fläche) zwischen einem Objektepaar (z. B. *2zu2* zwei Flächen zu zwei Flächen) oder zentriert ein Objektepaar zu einem anderen Objekt (*1zu2*, *2zu1* eine Achse zu 2 Flächen).

Haftung

fixiert die aktuelle Position einer Komponente relativ zu einer anderen. Beide Komponenten sind wie ein einziger starrer Körper verschiebbar.

Einpassen

bringt zylindrische Flächen mit gleichem Radius zusammen. Wird der Radius eines Objektes geändert wird die Bedingung aufgehoben.

Konzentrisch

definiert kreisrunde und elliptische Kanten oder Linien koplanar sowie die Mittelpunkte aufeinander fallend.

Fixieren

fixiert ein Objekt in der aktuellen Lage im KOOS der Baugruppe. Hilfreich für die Definition stationärer Objekte (z. B. der ersten Komponente, die einer Baugruppe hinzugefügt wird).

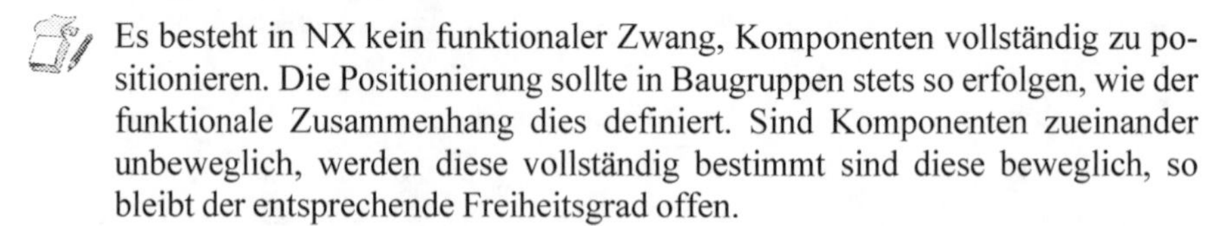

Es besteht in NX kein funktionaler Zwang, Komponenten vollständig zu positionieren. Die Positionierung sollte in Baugruppen stets so erfolgen, wie der funktionale Zusammenhang dies definiert. Sind Komponenten zueinander unbeweglich, werden diese vollständig bestimmt sind diese beweglich, so bleibt der entsprechende Freiheitsgrad offen.

7.5 Zusammenbau – Winkel – Hülse

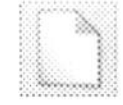

1. *Datei* ⇨ *Neu (Strg+N)*, Schablone Baugruppe, *„bg_winkel.prt“*

In NX sehen wir eine Baugruppe ebenfalls als **.prt* Datei. Daher kennzeichnen wir eine Baugruppe vorerst durch einen Namens-Präfix z. B. *„bg_“*.

Bitte achtet darauf, dass die Anwendung *Baugruppen* (*Start* ⇨ *Baugruppen*) eingeschaltet ist.

2. Durch Bestätigen des Dialogs *Datei Neu* erscheint der Dialog *Komponente hinzufügen.*

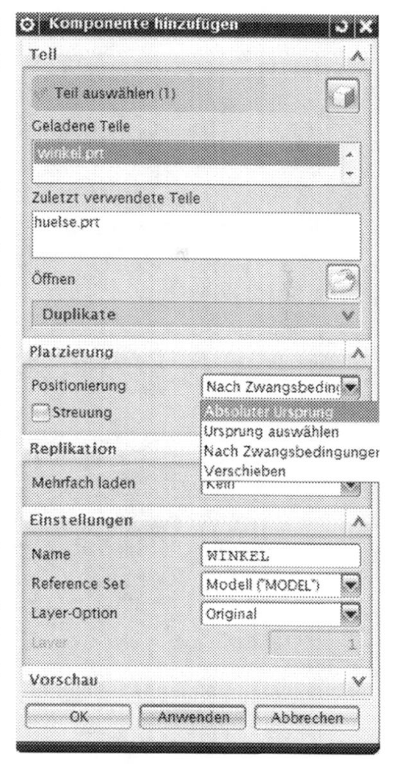

Teil

beinhaltet zwei Listenfelder. Obere Liste zeigt in NX geladene (also im Hintergrund offene) Teile an. Die untere Liste zeigt die zuletzt verwendeten an. Mit *Öffnen* kann durch den Dateiauswahldialog unsere Datei *winkel.prt* ausgewählt werden. In der Liste können auch mehrere Komponenten gleichzeitig mit *Strg*-Taste gewählt werden. *Duplikate* gibt die einzubauende Anzahl an.

Platzierung

Positionierung des ersten Bauteils erfolgt zunächst zum *Absoluten Ursprung. Streuung* verteilt bei der Auswahl mehrerer Komponenten diese im Raum der Baugruppe (vergleichbar mit einem Spieltisch).

Einstellungen

Name gibt den Komponentennamen an (z.B. *Winkel*) und wird automatisch mit dem Teilenamen belegt. Der Komponentenname kann hier editiert werden. ⇨ *Reference Set* (Modell) ⇨ *Layer-Option* (Original) ⇨ *OK*

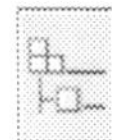

Der Winkel ist nun als Komponente im Nullpunkt der Baugruppe hinzugefügt.

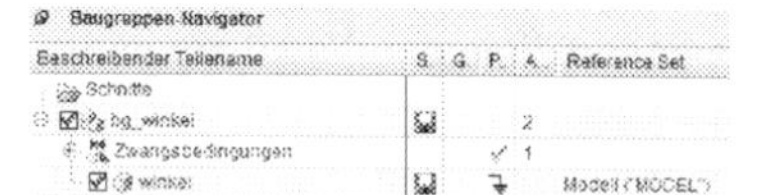

3. Mit *Komponente hinzufügen* erscheint der gleiche Dialog erneut.
⇨ *Öffnen* (huelse.prt)
⇨ *Positionierung* (Nach Zwangsbedingungen)
⇨ *OK*

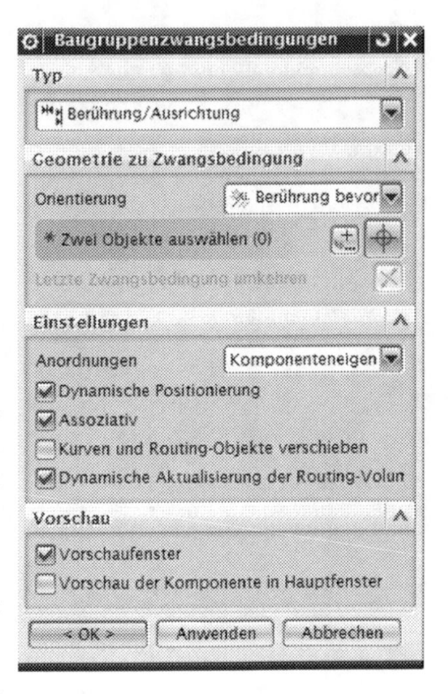

Nebenstehender Dialog und ein Vorschaufenster erscheinen, die Hülse wird ebenfalls in die Baugruppe eingebaut.

In diesem Dialog können wir die Positionierung von Bauteilen zueinander vornehmen. Die Positionierung erfolgt paarweise anhand von Flächen, Achsen, Kanten etc. der jeweiligen Komponenten, die mit verschiedenen Bedingungstypen belegt werden können.

Wir nutzen die eingestellten Werte und schalten lediglich *Dynamische Positionierung* aus.

Sollte keine Geometrie wählbar sein, einfach MMT in den Grafikbereich oder Anwenden im Dialog drücken.

4. Im Vorschaufenster können wir mit MMT die Ansicht drehen und selektieren die dargestellte Fläche der Hülse.

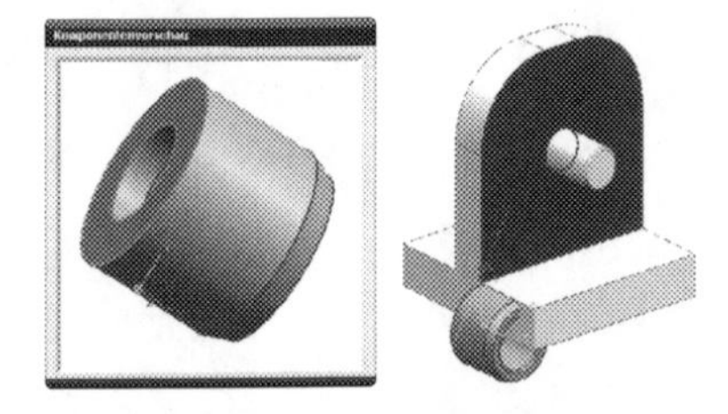

Anschließend wählen wir die Platzierungsfläche am Winkel.

Die Baugruppenzwangsbedingung *Berührung/Ausrichten* wird automatisch hinzugefügt. Wir sehen diese auch als Symbol im Grafikbereich zu den entsprechend gewählten Flächen über eine Linie verbunden. Im Haupt-Grafikbereich können wir die Hülse mit LMT anwählen und im durch die Zwangsbedingung begrenzen Raum verschieben.

5. Im Vorschaufenster wählen wir nun die Mittellinie der Zylinderfläche. Dies erscheint bei Mauszeiger über der Zylinderfläche.

Anschließend wählen wir die Mittellinie des Knaufs am Winkel.

Im Baugruppen-Navigator sehen wir die erzeugten Zwangsbedingungen, die mit RMT für den Grafikbereich ein- und ausgeblendet werden können (siehe Bild). Mit RMT auf den Spaltenkopf *Beschreibender Teilename* ⇨ *Zwangsbedingungen einschließen* (aus/ein) können wir die Anzeige im Navigator ein- und ausschalten.

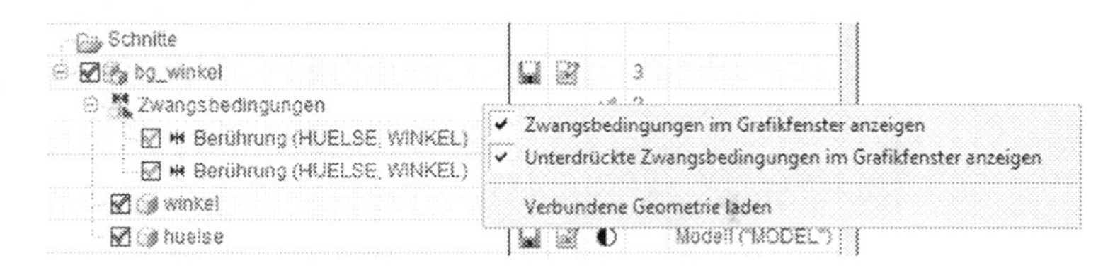

Die Positionierung der Hülse ist nicht vollständig (sichtbar am halb ausgefüllten Kreis im Navigator). D. h. es ist der rotatorische Freiheitsgrad um die Hülsenachse und alle Freiheitsgrade des Winkels offen.

6. *Baugruppenzwangsbedingungen* ⇨ *Fixieren* ⇨ Winkel wählen ⇨ *OK*

Hiermit haben wir den Winkel an der Einbau-Position fixiert. Dieser ist somit nicht mehr im KOOS der Baugruppe *bg_winkel* verschiebbar. Das Fixieren kann auch gleich nach dem Einbau der Komponente erfolgen.

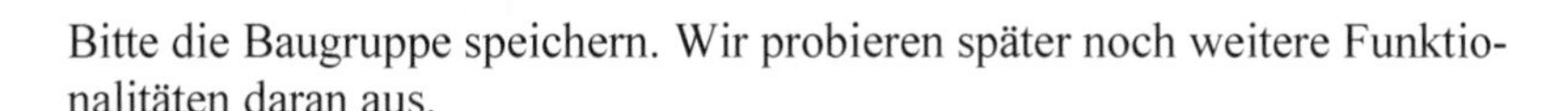

Bitte die Baugruppe speichern. Wir probieren später noch weitere Funktionalitäten daran aus.

Editieren von Baugruppenzwangsbedingungen

erfolgt über die Auswahl der entsprechenden Bedingung, die wie Geometrie-Objekte selektiert werden können. Über RMT wird dann das Kontextmenü zur Bedingung angezeigt.

⇨ Im Baugruppen-Navigator RMT auf die *Berühren/Ausrichten* Bedingungen der planaren Flächen (werden im Grafikbereich hervorgehoben).
⇨ *Umkehren* (der Vektorrichtungen)

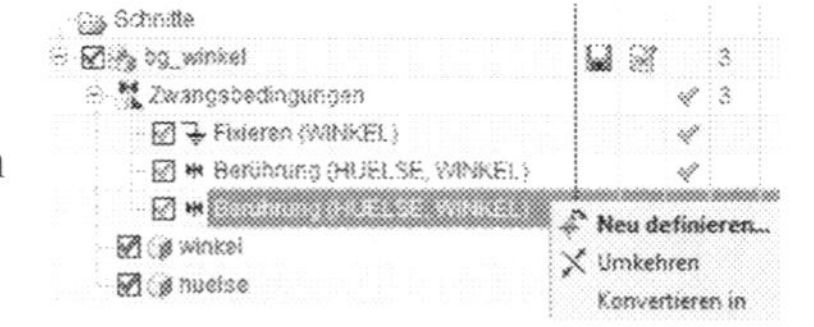

Die Bedingung wird überbestimmt, weil die zweite *Berühren/Ausrichten* Bedingung durch die Vektorrichtung einen Konflikt erzeugt. Die Bedingung erhält im Navigator das Kreuz, im Grafikbereich wird diese orange dargestellt.

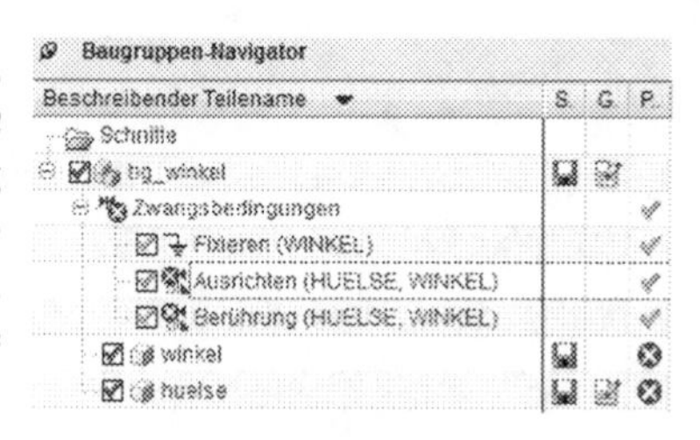

⇨ Die andere Bedingung ebenfalls *Umkehren*

Die Konflikte sind behoben, und das Ergebnis ist im nebenstehenden Bild zu sehen.

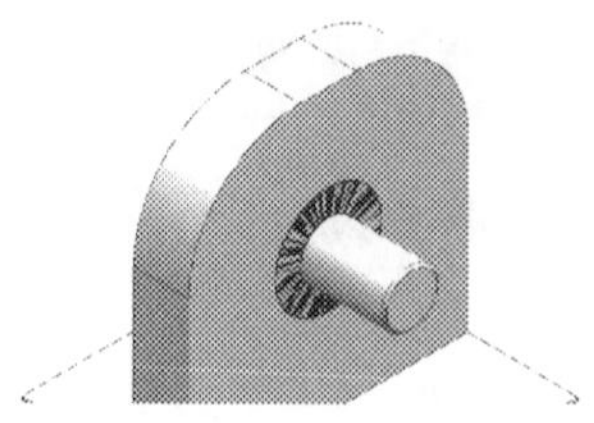

Auf die Baugruppenzwangsbedingungen können ebenso wie auf Formelemente mit den Funktionen *Neu definieren…*, *Unterdrücken* oder *Löschen* angewendet werden.

7.6 Zusammenbau – Ventil

Das Ventil besteht aus der Unterbaugruppe *Hebelage* und der Hauptbaugruppe *Ventil*. Zunächst setzen wir die *Hebelage* zusammen.

1. *Datei* ⇨ *Neu (Strg+N)*, Schablone Baugruppe, „*bg_hebelage.prt*“

2. Dialog *Komponente hinzufügen*
⇨ *Öffnen* (welle.prt)
⇨ *Positionierung* (Nach Zwangsbed.)
⇨ *OK*
⇨ Dialog *Baugruppenzwangsbed.*
⇨ evtl. MMT in Grafikbereich
⇨ *Fixieren*
⇨ Welle wählen
⇨ *OK*

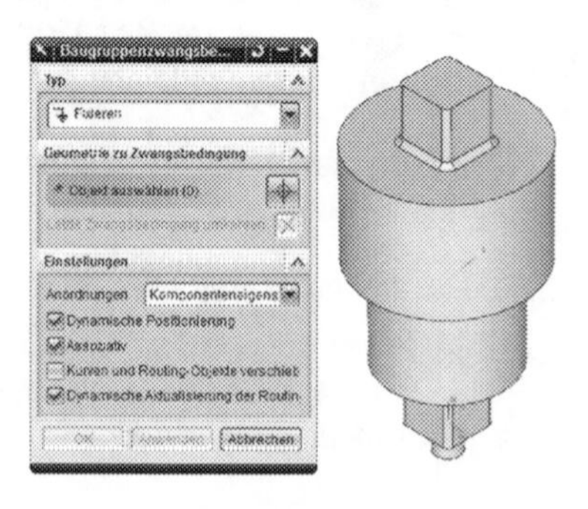

NX öffnet erneut den Dialog *Komponente hinzufügen*. Andernfalls nachfolgende Funktion nutzen.

3. *Neue Komponente hinzufügen*
⇨ *Öffnen* (hebel.prt)
⇨ *OK*
⇨ Dialog *Baugruppenzwangsbed.*

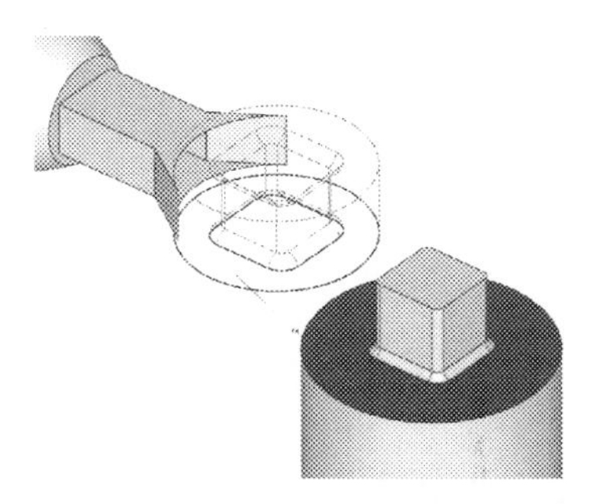

Der Hebel wird nun in die Baugruppe eingeladen. Wir können den Hebel einfach selektieren und verschieben, während der Dialog geöffnet ist.

⇨ *Berührung/Ausrichtung*
⇨ planare Fläche des Auges und Fläche der Welle selektieren

⇨ Innenfläche des Rechteckausschnitts vom Auge und eine Fläche des Rechteckpolsters Welle wählen

⇨ weitere Innenfläche des Rechteckausschnitts vom Auge und eine Fläche des Rechteckpolsters Welle wählen

⇨ *Dynamische Positionierung* (an)
⇨ *OK*

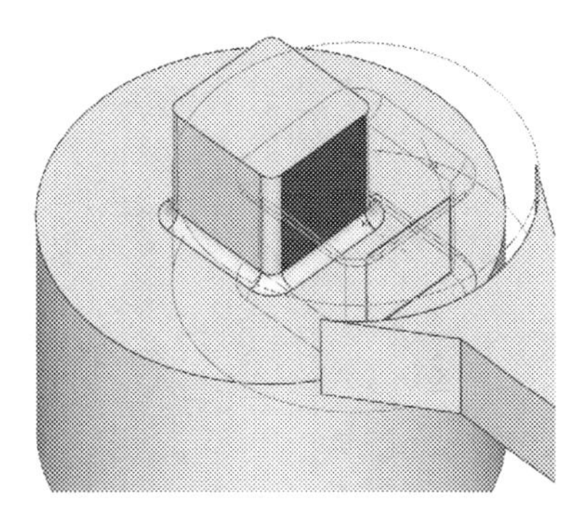

4. *Datei* ⇨ *Öffnen* ⇨ *ventilkugel.prt*

Über Menü ⇨ *Fenster* wechseln wir wieder in *bg_hebelage.prt*
⇨ *Ressourcenleiste Historie*

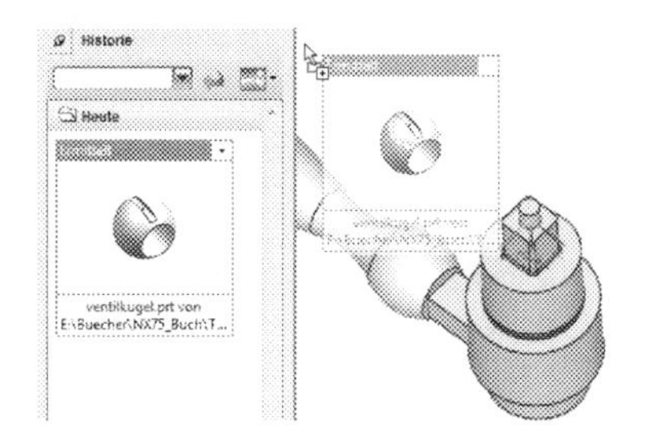

Wir wählen *ventilkugel.prt* mit LMT und ziehen diese per Drag&Drop in unsere den Grafikbereich der aktiven Baugruppe. Die Ventilkugel wird in unseren bereits eingebauten Komponenten liegen. Daher die Kugel mit LMT wählen und zur Seite schieben.

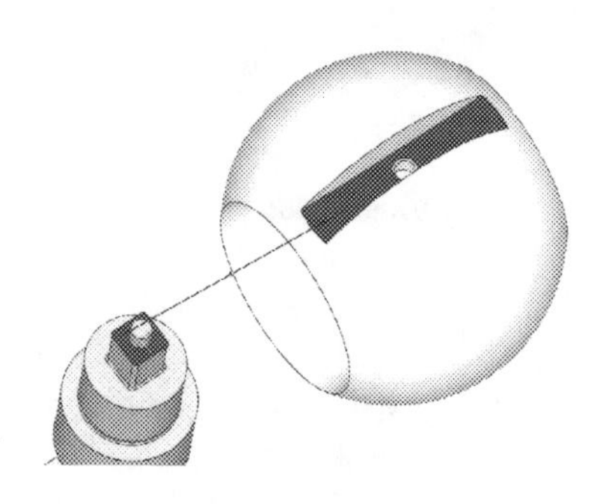

⇨ *Berührung/Ausrichten*
⇨ Planare Fläche des Kugelausschnitts und Deckfläche des Polsters der Welle wählen.

⇨ *Berührung/Ausrichten* ⇨ Mittelachse des Wellenknaufs (hier mit QuickPick gefangen) und die Mittelachse der Senkbohrung in der Kugel wählen.

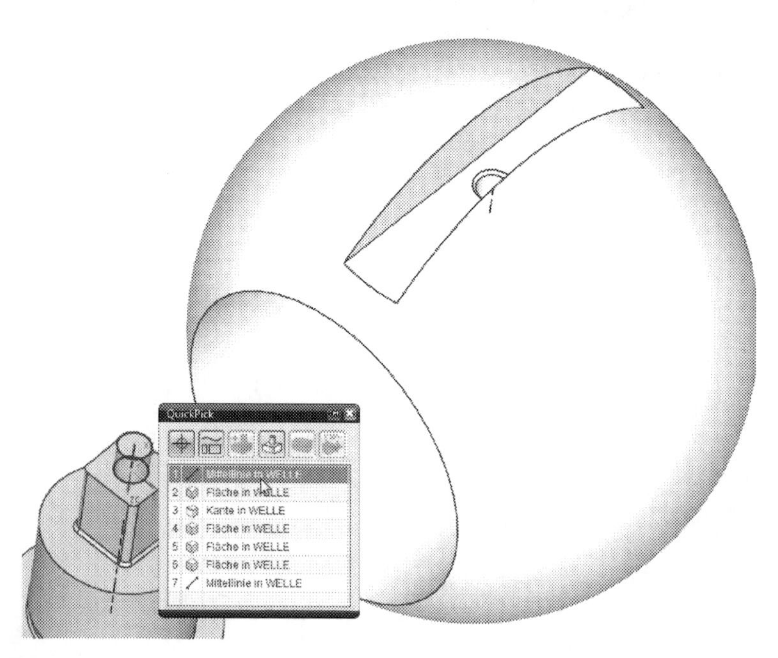

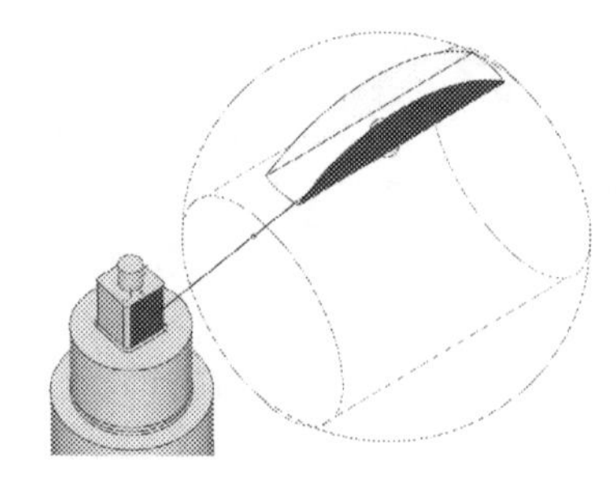

⇨ *Berührung/Ausrichten*
⇨ Seitenfläche des Kugelausschnitts und Seitenfläche des Wellenpolsters wählen
⇨ *OK*

Auf die Ausrichtung des Hebels zur Ventilkugel achten (Hebelrichtung = Durchflussrichtung).

Nachdem wir unsere Baugruppe *hebelage.prt* gespeichert haben, bauen wir das Gehäuse zusammen.

1. *Datei* ⇨ *Neu (Strg+N)*, Schablone Baugruppe, „*bg_ventil.prt*"

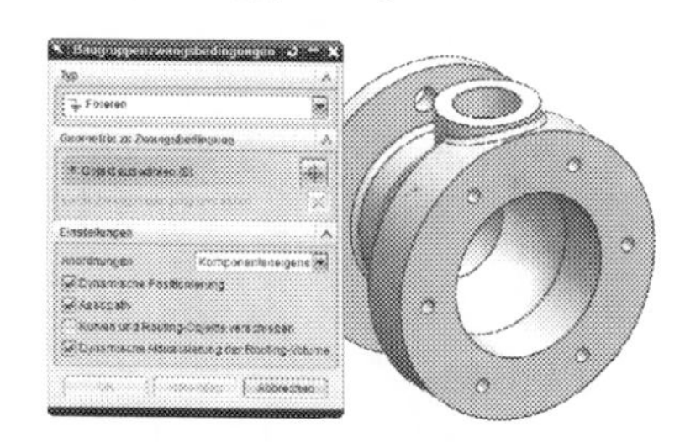

2. Dialog *Komponente hinzufügen*
⇨ *Öffnen* (gehaeuse1.prt)
⇨ *Positionierung* (Nach Zwangsbed.)
⇨ *OK*
⇨ Dialog *Baugruppenzwangsbed.*
⇨ evtl. MMT in Grafikbereich
⇨ *Fixieren*
⇨ Gehäuse wählen
⇨ *OK*

3. Dialog *Komponente hinzufügen*
⇨ *Öffnen* (gehaeuse2.prt)
⇨ *Positionierung* (Nach Zwangsbed.)
⇨ *Reference Set* (Modell)
⇨ *OK*
⇨ *Berühren/Ausrichten*
⇨ beide Dichtflächen wählen

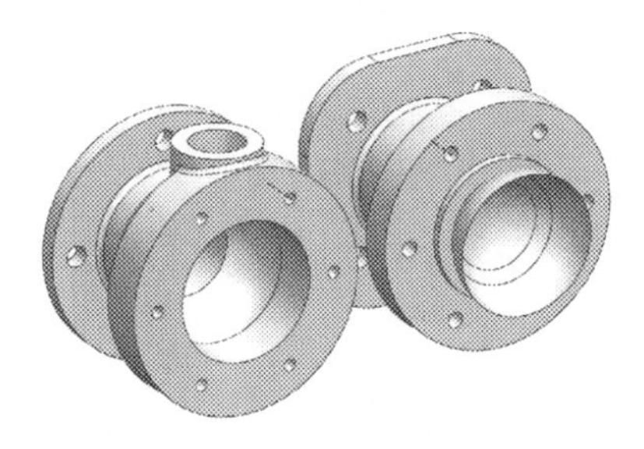

⇨ *Berühren/Ausrichten*
⇨ die Mittelachsen der Hauptbohrung jeder Komponente wählen
⇨ *Berühren/Ausrichten*
⇨ die Mittelachse einer Gewindebohrung in Gehäuse1 und einer Mittelachse der dazu richtig stehenden Durchgangsbohrung in *Gehäuse2* wählen
⇨ OK

Das *Gehäuse2* sollte mit der Fläche zu sehen sein, die wir für die Trimmoperation genutzt haben. Dies beheben wir im nachfolgenden Kapitel.

Im Baugruppen-Navigator das *Gehäuse2* und die Ventilkugel in der Unterbaugruppe Hebelage ausblenden.

4. Baugruppe Hebelage einbauen

Im nebenstehenden Bild wurde in die Schnittdarstellung gewechselt.

⇨ *Berühren/Ausrichten*
⇨ Wellenabsatz auf Bohrungsabsatz

⇨ *Berühren/Ausrichten*
⇨ Mittelachse Welle und Mittelachse Bohrung wählen.

Für die Selektion hilft uns hier wieder der *QuickPick* Dialog.

Der rotatorische Freiheitsgrad für die Hebelage bleibt frei.

Die Struktur unserer Baugruppe *ventil* wird in nebenstehendem Baugruppen-Navigator abgebildet.

Baugruppen-Navigator

Beschreibender Teilename	S	G	P	A	Reference Set
Schnitte					
bg_kugelventil				7	
Zwangsbedingungen				6	
bg_hebelage				4	Ganzes Teil
Zwangsbedingungen				10	
hebel					Modell ("MODEL")
ventilkugel					Modell ("MODEL")
welle					Modell ("MODEL")
gehaeuse1					Modell ("MODEL")
gehaeuse2					Modell ("MODEL")

Für unser weiteres Vorgehen blenden wir nun *gehaeuse2* ein und *gehaeuse1* und die Hebelage aus.

7.7 Reference Sets

Referenzierungssätze (zu engl. Reference Sets, kurz REFSETS) kommen vor allem in der Baugruppenerstellung zum Einsatz. Einzelteile besitzen viele für die Erstellung genutzte Geometrien, die für eine Baugruppe wenig relevant sind, wie Kurven, Skizzen, Bezugsebenen usw. Innerhalb eines Reference Sets sind alle Elemente eines Teils enthalten, welche in der Baugruppe dargestellt werden sollen. Dabei können verschiedenste Elemente zu einem Referenzierungssatz zusammengefasst werden. Eine Komponente kann mehrere Reference Sets beinhalten. In NX sind bereits folgende Reference Sets als Standard definiert:

Leer enthält keine Geometrie.

Model enthält nur Volumen- und Flächenkörper.

Ganzes Teil enthält sämtliche Geometrie einer Komponente.

Je nach Historie der NX Bauteile oder nach geltender unternehmensspezifischer CAD-Richtlinie können weitere RefSets definiert sein.

Arbeiten mit Reference Sets

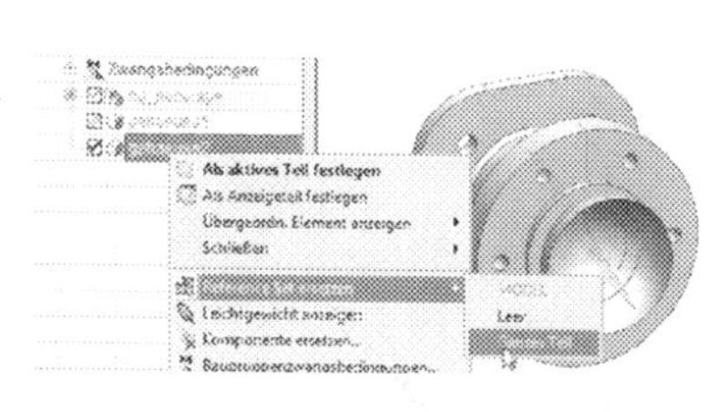

1. Wir befinden uns in der aktiven Baugruppe *bg_ventil.*

⇨ RMT im Baugruppen-Navigator auf die Komponente *gehaeuse2*
⇨ *Reference Set ersetzen...*
⇨ *Ganzes Teil* (*Model* war aktiv)
⇨ alle Layer einblenden (*Strg+L*)

Wir sehen nun alle Geometrie-Elemente unserer Komponente.

⇨ *Reference Set ersetzen... (MODEL)*

Wir sehen nur noch die Volumen- und Flächenkörper.

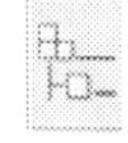

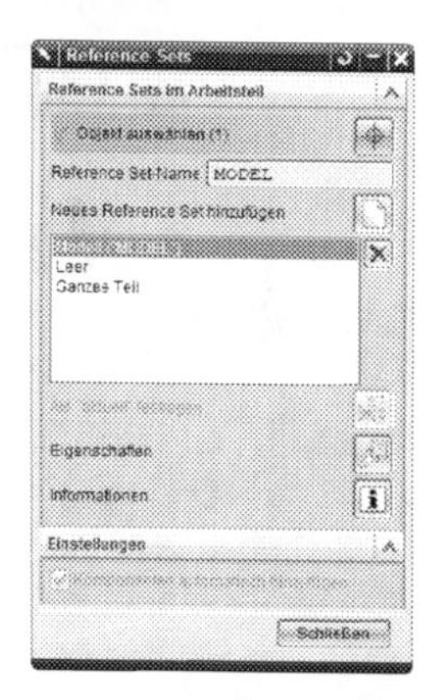

2. Wir wechseln in das *Gehäuse2*.

⇨ RMT im Baugruppen-Navigator auf die Komponente *gehaeuse2*
⇨ *Zum dargestellten Teil...*
⇨ Menü ⇨ *Format*
⇨ *Reference Sets...*
⇨ Dialog erscheint
⇨ *Model* in der Liste selektieren

Die Geometrie im Reference Set wird im Grafikbereich hervorgehoben. In diesem Dialog können wir für eine Komponente beliebig Reference Sets erstellen und verwalten.

⇨ mit *Shift + LMT* den Flächenkörper abwählen ⇨ *OK* ⇨ *Schließen*

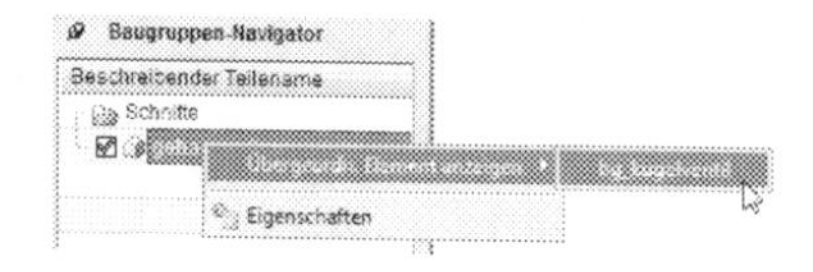

3. RMT im Baugruppen-Navigator auf die Komponente gehaeuse1
⇨ *Übergeordn. Element anzeigen*
⇨ *bg_ventil*

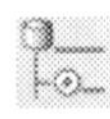

Im Reference Set *MODEL* ist nur noch der Volumenkörper zu sehen. Wir blenden die weiteren Komponenten wieder ein und öffnen den *Teile-Navigator*. Dort sehen wir die Formelemente des *Gehäuse2* und können diese auch editieren, weil diese Komponente noch aktiv ist.

Ein Doppelklick auf die Oberbaugruppe *bg_ventil* im Baugruppen-Navigator aktiviert diese und der Teile-Navigator enthält hier keine Elemente, da wir auf dieser Ebene keine Formelemente erzeugt haben.

7.8 Dynamische Positionierung und Kollisionserfassung

Komponenten können in Baugruppen verschoben werden soweit evtl. gesetzte Zwangsbedingungen diese Freiheitsgrade zulassen. Für das freie Positionieren einer Komponente können wir aus dem Kontextmenü im Baugruppen-Navigator *Verschieben* oder das entsprechende Icon auswählen und die Komponente selektieren.

Wir rotieren nun unsere Hebelage in der aktiven Baugruppe *bg_ventil*.

⇨ RMT auf Hebelage
⇨ *Verschieben...*

Es erscheint ein Handle und der nebenstehende Dialog. Der Handle ist ungünstig positioniert und sollte, bevor wir Komponenten bewegen, wie folgt verschoben werden:

⇨ *Nur Handles verschieben* (an)
⇨ Mit Hilfe des *Punkte-Fang* bewegen wir den Ursprung des Handles an das Auge des Hebels.
⇨ *Nur Handles verschieben* (aus)
⇨ Winkel-Handles drehen und die gesamte Hebelage rotiert im Gehäuse unseres Ventils.

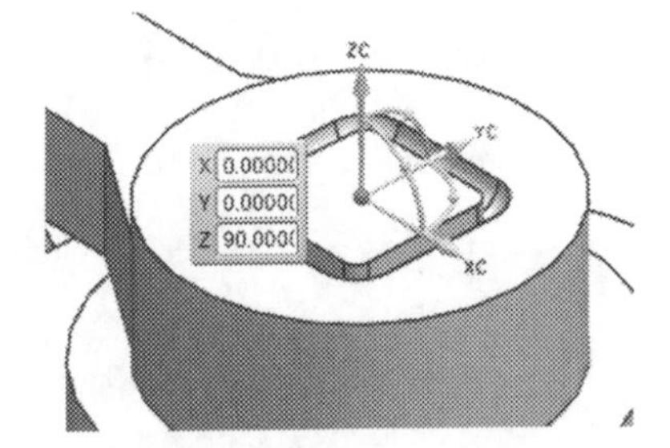

Kollisionserfassung

erfolgt ebenfalls im Dialog *Komponente verschieben*. Um dies zu testen, wechseln wir zur *bg_hebelage* mit *Zum dargestellten Teil*. Anschließend unterdrücken wir die Zwangsbedingung, die die planare Außenfläche des Auges vom Hebel auf unserer Welle definiert.

⇨ RMT auf *hebel*
⇨ *Verschieben...*
⇨ Hebel in die eine mögliche Richtung mit dem Handle verschieben
⇨ im Dialog ⇨ *Einstellungen*
⇨ *Kollisionserfassung* ⇨ *Kollisionsaktion* (Vor Kollision stoppen)

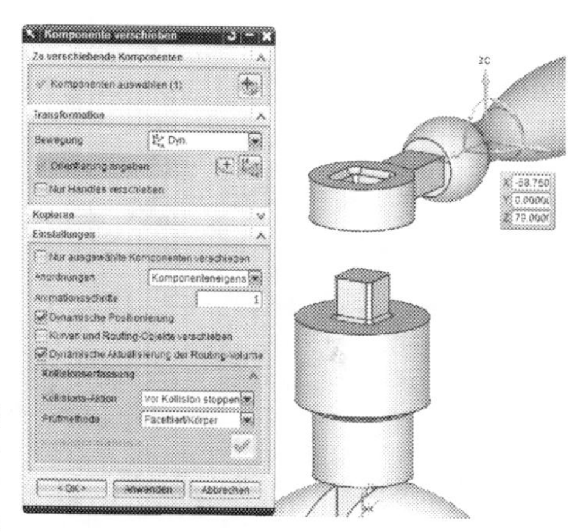

⇨ Hebel langsam in Richtung Welle bewegen. Schnelle Bewegungen können aufgrund der benötigten Rechenleistung zu Ungenauigkeiten führen.

Sobald der Hebel mit der Welle kollidiert, wird die Bewegung gestoppt und die an der Kollision beteiligten Komponenten werden rot hervorgehoben.

7.9 Anordnungen

Anordnungen (engl. Arrangements) erlauben mehrere alternative Positionierungen von Komponenten in einer Baugruppe vorzunehmen. Hier werden wir unser Ventil in geöffneter und geschlossener Position abbilden.

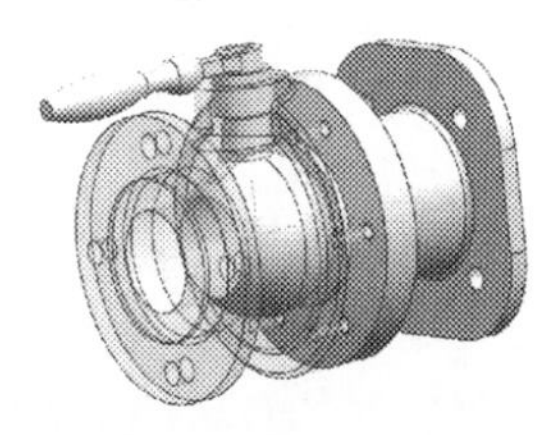

⇨ *bg_ventil* aktivieren
⇨ durch eine Zwangsbedingung die Hebelage für eine Offen-Stellung definieren (siehe Bild)
⇨ diese Zwangsbedingung unterdrücken
⇨ durch eine weitere Bedingung die Hebelage für eine Geschlossen-Stellung definieren
⇨ RMT auf bg_ventil
⇨ *Anordnungen...*
⇨ *Bearbeiten...*

⇨ *Eigenschaften* ⇨ *Name* (Offen) ⇨ *OK*

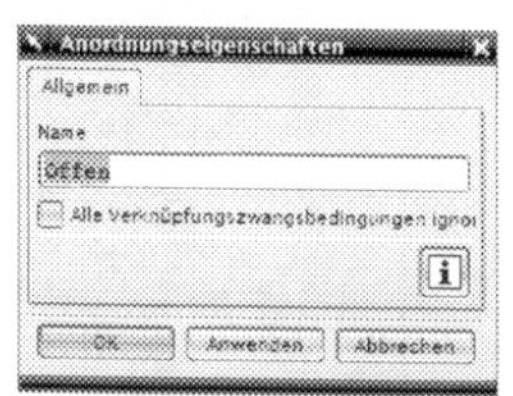

⇨ zurück im Dialog *Baugruppe Anordnungen*

⇨ *Neue Anordnung*
⇨ In Liste *Name* (Geschlossen) eintragen
⇨ *OK*
⇨ RMT auf die Parallel-Bedingung für Offen
⇨ *In Anordnung bearbeiten*
⇨ Geschlossen auswählen
⇨ *Spezifisch* aktivieren
⇨ Geschlossen unterdrücken
⇨ OK

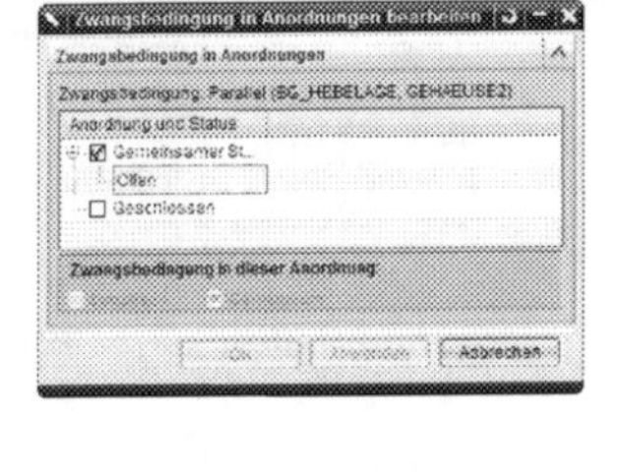

Gleiches Vorgehen für die Parallel-Bedingung für Geschlossen, nur dass dabei die Anordnungsbedingung Offen unterdrückt wird.

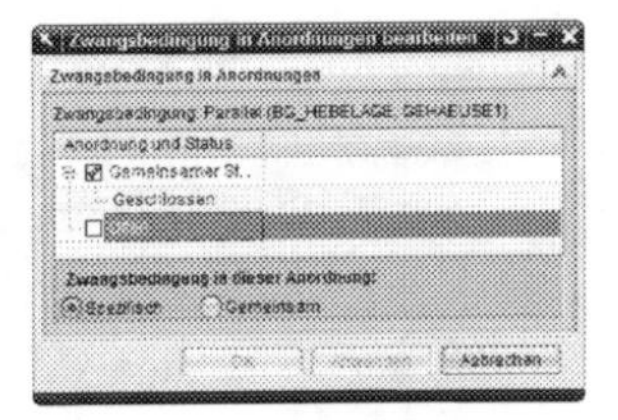

Alternativ kann dieses Vorgehen für eine Winkelbedingung genutzt werden. Dafür sind unterschiedliche Winkelwerte anzugeben.

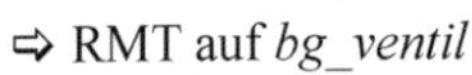

⇨ RMT auf *bg_ventil*
⇨ *Anordnungen…*

Zwischen *Geschlossen* und *Offen* wählen.

7.10 Wiederverwendungsbibliothek und Teilefamilien

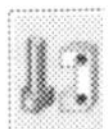

Die Wiederverwendungsbibliothek ist ein Navigator in Baumstruktur, der uns einfachen Zugriff auf wieder verwendbare Komponenten und Formelemente erlaubt.

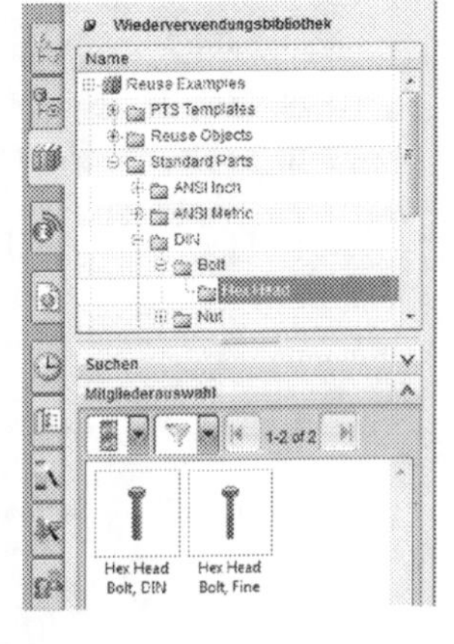

Einige Standard-Komponenten sind bereits in NX enthalten. So auch unsere Beispiel-Mutter, mit denen wir in den ersten Kapiteln dieses Buches gearbeitet haben.

Diese Komponenten sind mit parametrischen Teilefamilien-Informationen erweitert, so dass wir beim Einfügen eines Bolzens auf diese zugreifen können.

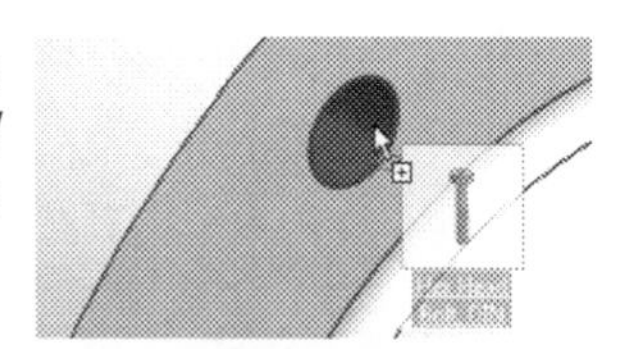

Wir ziehen einfach den nebenstehenden Bolzen ⇨ *Standard Parts* ⇨ *DIN* ⇨ *Bolt* ⇨ *Hex Head* aus der ⇨ *Mitgliederauswahl* per Drag&Drop auf eine Durchgangsbohrung von *gehaeuse2*.

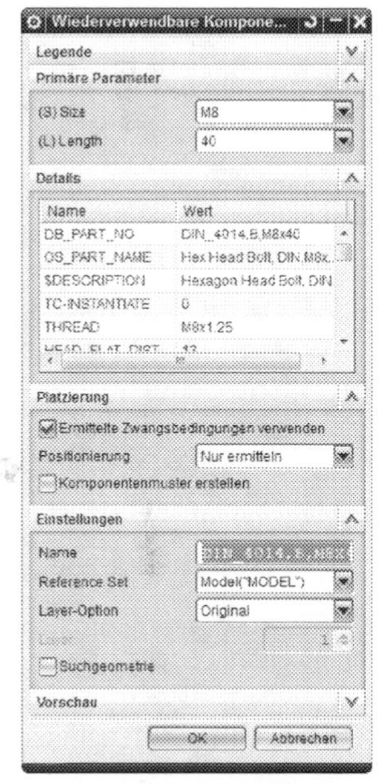

Daraufhin erscheint nebenstehender Dialog, aus dem wir unsere Variante der Teilefamilie auswählen können. Durch das Ziehen auf die Bohrung hat NX automatisch die Größe ermittelt und schlägt uns die gewünschte M8-Varinate vor. Die Länge von 40 passt ebenfalls.

⇨ *Legende* zeigt eine Merkmalszeichnung
⇨ *Primäre Parameter* sind die Teilefamilien-Varianten (jede Kombination eine Variante).
⇨ *Details* beinhaltet alle Parameter der Variante
⇨ *Platzierung* bekannt aus *Komponente hinzufügen*, *Positionierung* (Nach Zwangsbedingungen), *Ermittelte Zwangsbedingungen verw.* (an) erzeugt gleich mögliche Zwangsbedingungen für den Einbau des Bolzens
⇨ *Einstellungen* von Reference Sets und Layer
⇨ OK.

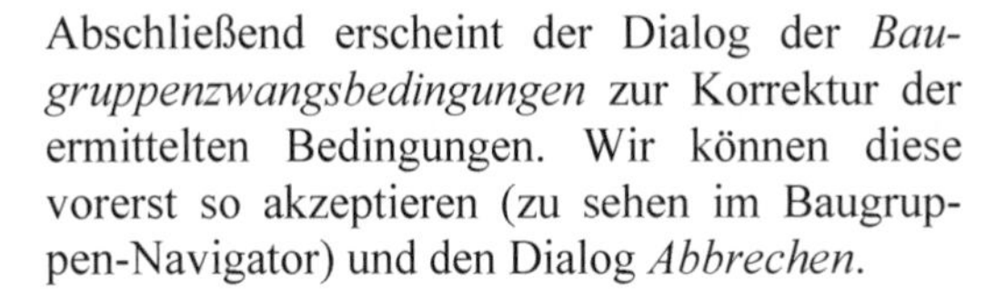

Abschließend erscheint der Dialog der *Baugruppenzwangsbedingungen* zur Korrektur der ermittelten Bedingungen. Wir können diese vorerst so akzeptieren (zu sehen im Baugruppen-Navigator) und den Dialog *Abbrechen*.

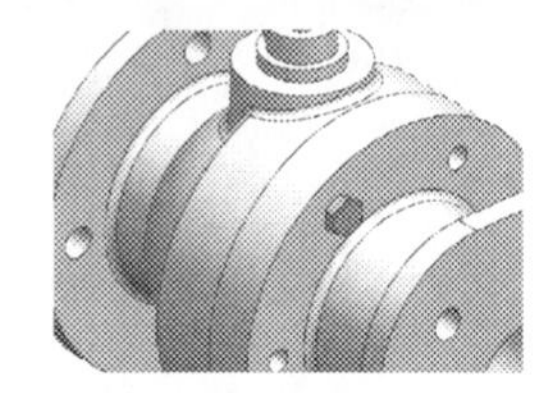

Die eingefügte Komponente ist aus der Vorlage-Datei neu erzeugt und wird im Arbeitsverzeichnis abgespeichert.

Die Erzeugung und Definition von Bauteilen zur Wiederverwendung kann im Rahmen dieses Buches nicht abgebildet werden. In unserem Download-Bereich sind hierfür Beispiele gegeben.

7.11 Komponentenfelder

Komponentenfelder sind Kopien einer Komponente, die linear bzw. kreisförmig definiert werden können. Darüber hinaus können die Felder auch entlang eines Formelementfeldes in einer durch Zwangsbedingungen assoziierten Komponente erzeugt werden. Nur hierbei ist das Feld assoziativ mit dem zugrundeliegenden Formelementfeld verknüpft.

Menü ⇨ *Baugruppen* ⇨ *Komponenten* ⇨ *Feld erzeugen...*
⇨ Bolzen wählen ⇨ *Klassenauswahl OK*
⇨ *Formelement der Assoziativen Kopie*
⇨ *OK*

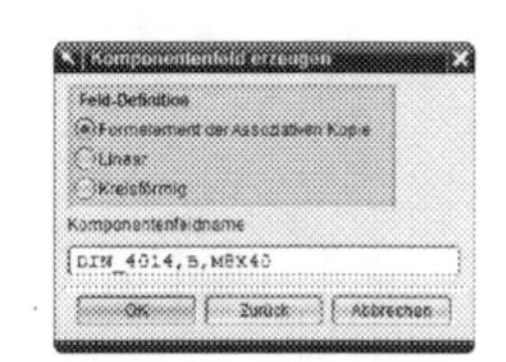

Nun wird ein Komponentenfeld der Bolzen assoziativ zu den Assoz. Kopien der Durchgangsbohrungen des *Gehäuse2* erzeugt (nebenstehende geschnittene Darstellung). Wird das Bohrungsfeld in *Gehäuse2* geändert, so ändert sich das Komponentenfeld der Bolzen ebenfalls.

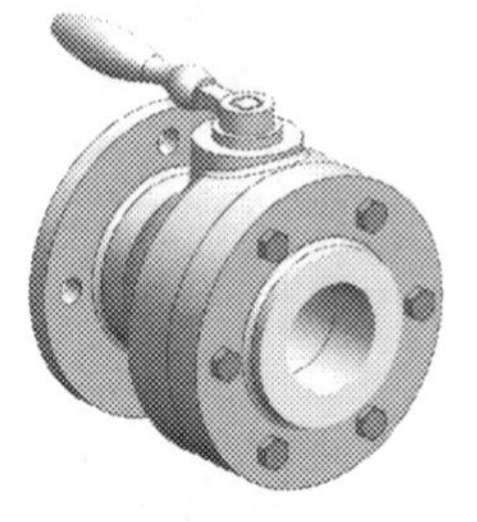

Komponentenfelder bearbeiten

wird über einen Dialog realisiert, der vorh. Komponentenfelder auflistet:
Menü ⇨ *Baugruppen* ⇨ *Komponentenfelder bearbeiten...*

Komponenten Packen

bedeutet, dass wir im Baugruppen-Navigator RMT auf einen der Bolzen klicken und ⇨ *Packen.* Hierdurch wird die Anzahl der mehrfach im Baum dargestellten Komponenten auf eins in der jeweiligen Ebene reduziert.

7.12 Explosionsansichten

Explosionsansichten helfen Baugruppen zu visualisieren, z. B. zur Erstellung von Montageplänen. NX verwaltet Explosionsansichten als eine Form separater Anordnungen (nicht mit NX-Ansichten verwechseln).

⇨ Schalter *Explosionsansichten*
⇨ Toolbar Explosionsansichten
⇨ *Explosion Erzeugen*
⇨ *Name* (Explosion 1) ⇨ *OK*

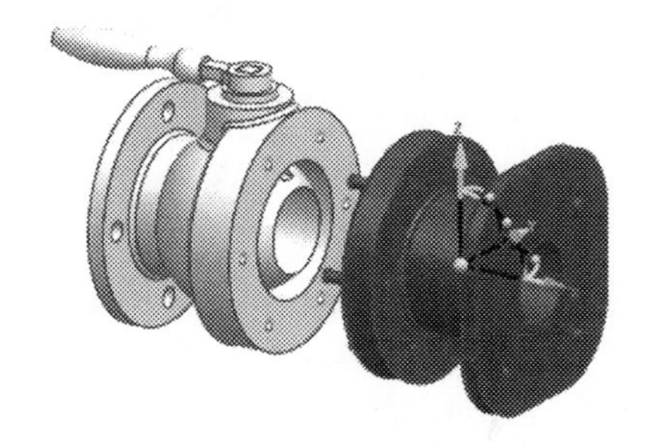

⇨ *Explosion bearbeiten*
⇨ im Baum *gehaeuse2* und die gepackten Bolzen wählen
⇨ MMT und Handles verschieben

Der Dialog *Explosion bearbeiten* bietet folgende Einstellungen:
⇨ *Objekte auswählen* oder mit *Shift+LMT* abwählen, die gemeinsam verschoben werden sollen
⇨ *Objekte verschieben* für die Erstellung der Explosion
⇨ *Nur Handle verschieben,* falls dieser an ungünstiger Position ist.

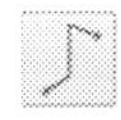

Wir explodieren nun unser Ventil. Die *Verfolgungslinien* werden mit der entsprechenden Funktion und mit Hilfe des Punktefangs nach dem Positionieren der Komponenten manuell angebracht.

Das Verschieben innerhalb einer Explosionsansicht erfolgt unabhängig von evtl. vorhandenen Verknüpfungsparametern und hat auf diese auch keine Auswirkung.

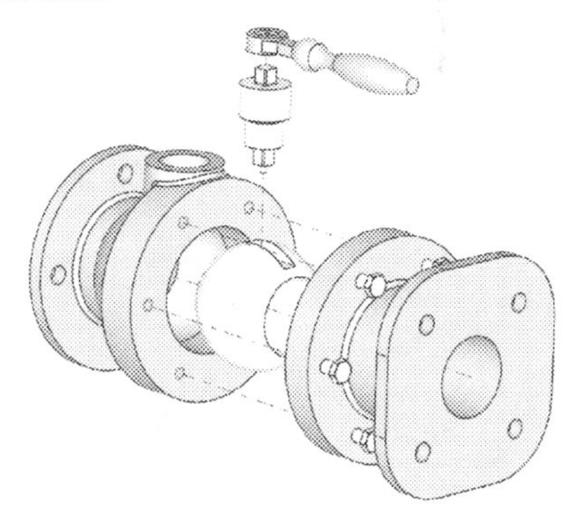

Soll eine Explosion auch später in einer Zeichnung genutzt werden, ist es sinnvoll, von der Explosion eine anwenderdefinierte Ansicht wie folgt zu erzeugen (siehe auch Kapitel 1.5).

Menü ⇨ *Ansicht* ⇨ *Operation* ⇨ *Speichern unter ...* ⇨ *Name* (Explosion1)

7.13 Baugruppensequenzen

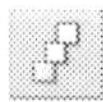

Baugruppensequenzen können den Zusammenbau oder die Funktion von Baugruppen animieren. Wir können hiermit Montagedokumentationen erstellen. Der Aufruf der Funktion ruft eine eigene Umgebung auf.

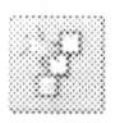

Neue Sequenz erzeugen
aktiviert weitere Funktionen der Umgebung sowie den Sequenz-Navigator.

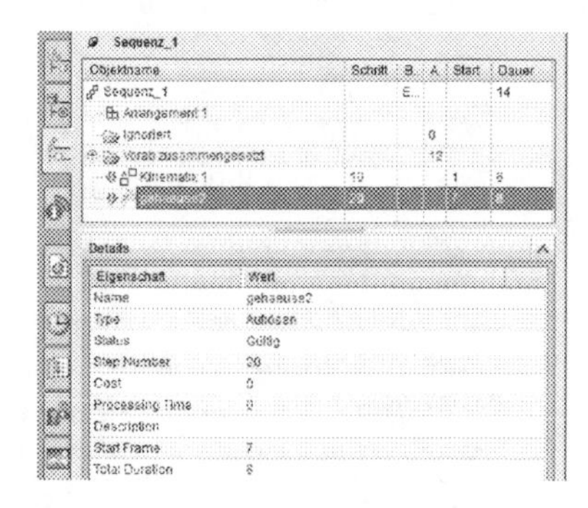

Kinematik einfügen
führt uns in eine Toolbar, in der wir zu bewegende Komponenten an- bzw. mit Shift+LMT abwählen können. Über *Verschieben* und die angegebenen Handles können diese in beliebige Positionen gebracht werden.

Der Kinematik-Schritt erscheint im Sequenz-Navigator.

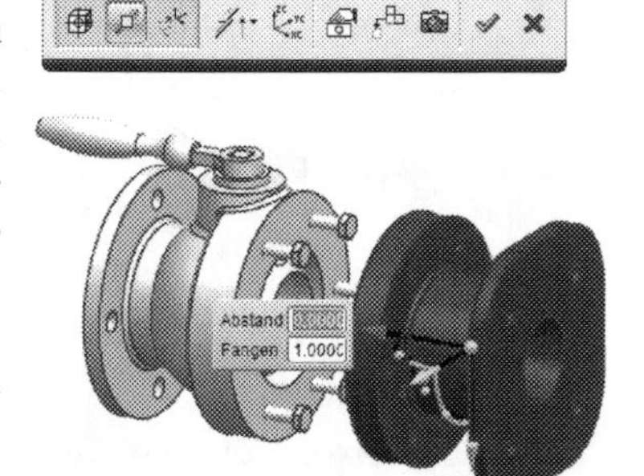

Kameraposition aufzeichnen
nimmt die aktuelle Ansicht in die Sequenzen auf und die Montage kann von d er jeweiligen Position aus betrachtet werden.

Zusammensetzen und **Auflösen**
sind Montageprozesse, die im Baum auch noch mit weiteren Informationen, wie Kosten oder Montagezeit hinterlegt werden können, um eine Ein- bzw. Ausbausituation zu simulieren.

Baugruppensequenzen wiedergeben
ist eine Toolbar, mit der die bereits definierten Schritte aufgerufen und abgespielt werden können.

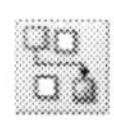

Extrahierungspfad
versucht einen möglichen Ausbauweg einer eingebauten Komponente zu finden und realisiert somit eine Montierbarkeits-Simulation.

7.14 Interpart Modellierung – Ausdrücke

Wir haben bereits auf Einzelteilebene parametrische Modelle mit Führungsparametern erzeugt. Wir können ebenso in der Oberbaugruppe Parameter definieren und diese mit den Parametern der Einzelteile verknüpfen. Dieses Vorgehen erlaubt uns, durch die Änderung eines Parameters auf Baugruppenebene, die Geometrie bis ins Einzelteil hinein zu steuern.

Dieses Vorgehen bedingt natürlich hohe Abhängigkeiten der Teile untereinander und sollte nur für in sich geschlossene, weitgehend entwickelte Produkte angewendet werden. *bg_ventil* ist zunächst aktiv.

Werkzeuge ⇨ *Ausdruck…* ⇨ *Ausdruckseditor* ⇨ *Typ* (Nummer, Länge) ⇨ *Name* (`D_Kugel, mm`) ⇨ *Formel* (80) ⇨ *Anwenden*

Strg +E

Weitere Parameter anlegen:
`D_Rohr=50[mm]; T=15[mm]` (Wanddicke)

⇨ *Gehaeuse1 Zum Aktiven Teil* (RMT oder Doppelklick)
⇨ *Werkzeuge* ⇨ *Ausdruck…*
⇨ *Ausdruckseditor* ⇨ *D_Kugel*
⇨ *WAVE Referenz erzeugen*

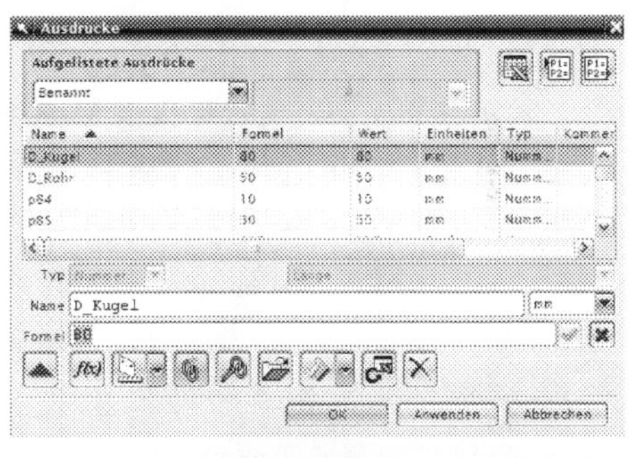

⇨ Dialog *Teil auswählen (bg_ventil)*
⇨ Dialog *Liste mit Bedingungen (D_Kugel)*

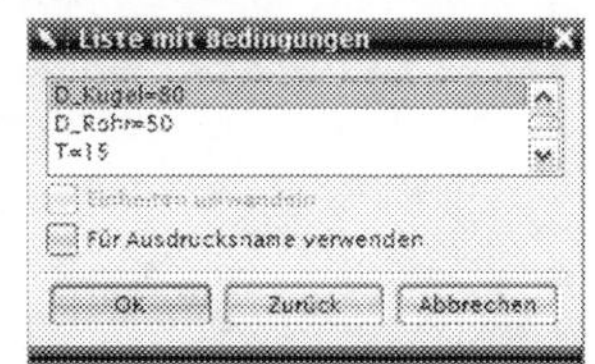

Der Parameter D_Kugel des Gehäuse1 ist somit an den Wert D_Kugel von *bg_ventil* gebunden.

Wir aktivieren *bg_ventil* und ändern den Wert *D_Kugel.*

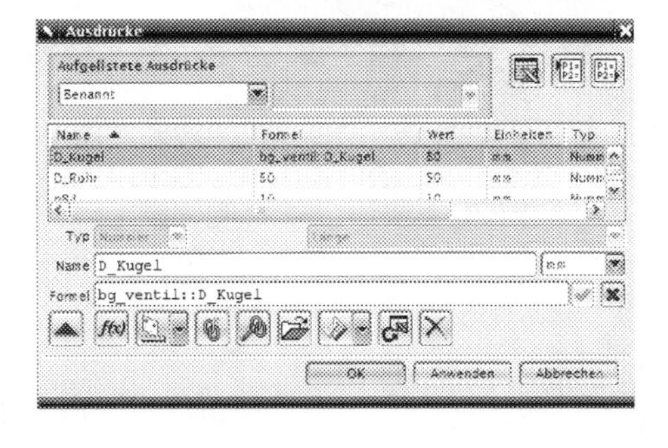

Alle weiteren mit Führungsparameter versehenen Einzelteile unseres Ventils können nun durch die Baugruppen-Parameter gesteuert werden. Mit diesem Vorgehen können wir ganze Produktreihen parametrisch abbilden. Die Baugruppenzwangsbedingungen können in Zwischenschritten der Parametrisierung u. U. nicht durchgängig konfliktfrei sein.

Bei einer solchen Parametrisierung ist ein diszipliniertes Parametrisieren und eine transparente Produktmodell-Dokumentation unerlässlich, da sonst solche Modelle später von anderen Personen nur noch schwer verstanden und geändert werden können.

In unserem Fall führt eine Änderung der Ausdrücke auf Baugruppenebene nicht zwangsläufig zur Aktualisierung der Geometrie der Komponenten. In einem solchen Fall kann das Modell folgendermaßen aktualisiert werden: Menü ⇨ *Werkzeuge* ⇨ *Aktualisieren* ⇨ *Sitzung aktualisieren*

7.15 Interpart Modellierung – Geometrie (Wave)

Wir können aus Einzelteilen heraus Geometrieelemente nahezu aller Typen in andere Bauteile assoziativ mit dem *WAVE Geometrie-Linker* kopieren. Dies erspart uns bspw. das Erstellen neuer Skizzengeometrie an Anschluss-Komponenten. WAVE Geometrie wird stets als Formelement in der aktiven Komponente abgelegt und ist dort im Teile-Navigator sichtbar.

Wir erzeugen uns eine neue, leere Komponente für eine Abschlussplatte in *bg_ventil* nach dem Top-Down Ansatz.

Menü ⇨ *Baugruppen* ⇨ *Komponenten* ⇨ *Neu erzeugen...*
⇨ Klassenauswahldialog mit OK oder MMT bestätigen
⇨ *Neue Komponente anlegen*; *Name* (abschlussplatte.prt), Schablone Modell ⇨ *OK* ⇨ nachfolgenden Dialog ebenfalls *OK*

Abschlussplatte

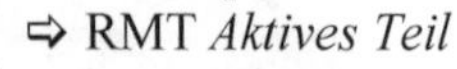

⇨ RMT *Aktives Teil*

⇨ *WAVE Geometrie-Linker*
⇨ *Typ* (Fläche)
⇨ Flanschfläche wählen
⇨ *OK*

Die Fläche ist nun in unser neu angelegtes Bauteil verlinkt.

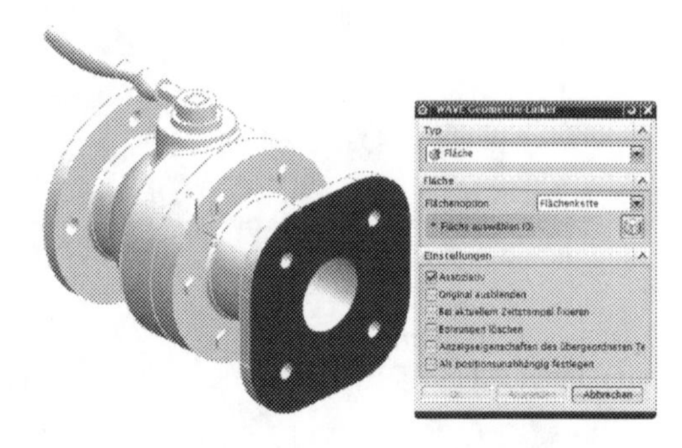

Gehaeuse2 ausblenden, ggf. Anwendung *Konstruktion* aktivieren.

Extrusion
⇨ *Typenfilter:* Fläche
⇨ *Kurvenregel:* Verbundene Kurve
⇨ alle Flächenkurven wählen außer die mittlere Bohrung
⇨ *Wert* (10) ⇨ *OK* oder MMT

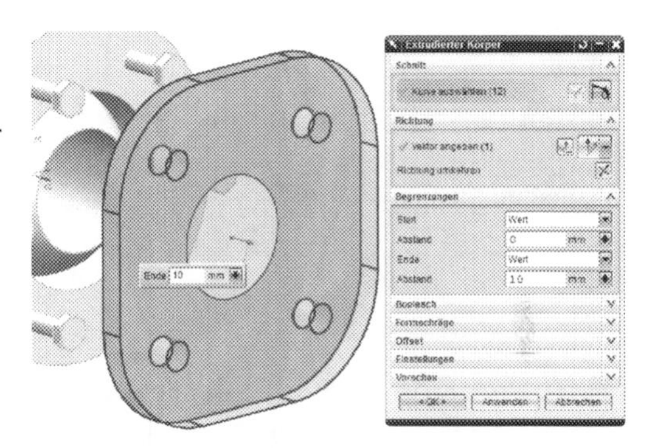

Wir haben soeben eine neue, leere Komponente angelegt, Geometrie in diese assoziativ hineingelinkt und diese auskonstruiert.

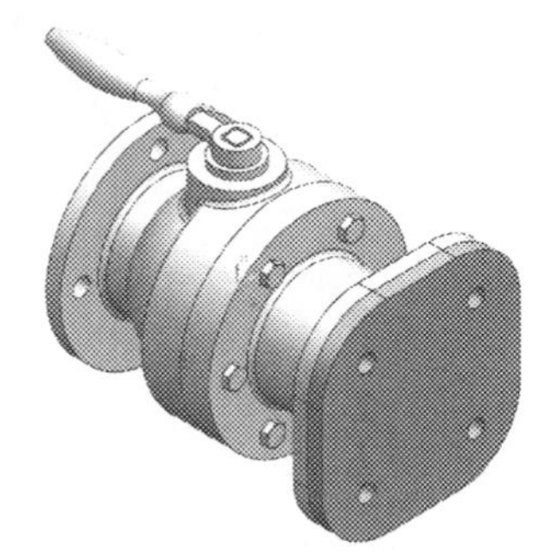

Ändern wir den Flansch von *Gehäuse2*, so wird die Abschlussplatte ebenfalls geometrisch verändert. WAVE sollte gut überlegt verwendet werden, da viele ungerichtete Abhängigkeiten der Komponenten schnell zu nicht mehr handhabbaren Modellen führen können.

7.16 Baugruppen spiegeln – Winkel – Hülse

Analog zum Spiegeln von Formelementen in der Konstruktions-Umgebung können auch innerhalb einer Baugruppe einzelne Komponenten und Unterbaugruppen gespiegelt werden. Gespiegelte Komponenten werden der aktiven Komponente hinzugefügt. NX bietet hierfür einen einfachen Assistenten, der schrittweise durch die Erstellung von Spiegelkomponenten führt.

Unsere Baugruppe *bg_winkel* ist aktiv, Komponente *winkel* ist mit Reference Set *Ganzes Teil* dargestellt und der Layer mit der Spiegelebene (61) ist selektierbar. Wir spiegeln die Hülse.

Menü ⇨ *Baugruppe* ⇨ *Komponenten* ⇨ *Baugruppe spiegeln...*

Der Assistent startet und fragt uns nach den zu spiegelnden Komponenten.
⇨ *huelse* wählen ⇨ *Weiter*

⇨ Spiegelebene aus *winkel* wählen
⇨ *Weiter*

Gespiegelt wird stets an einer Bezugsebene in der aktiven Oberbaugruppe.

Es kann aber auch eine Bezugsebene aus unteren Komponenten gewählt werden, die dann in die Oberbaugruppe gelinkt wird.

⇨ *Weiter* bis *Mirror Review*

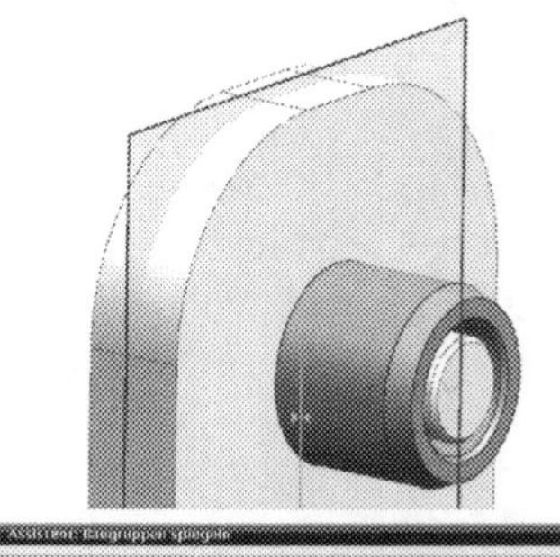

⇨ *huelse* aus der Liste selektieren und mit *Spiegellösungen durchschreiten* alternative Lösungen ausprobieren ⇨ *Beenden*

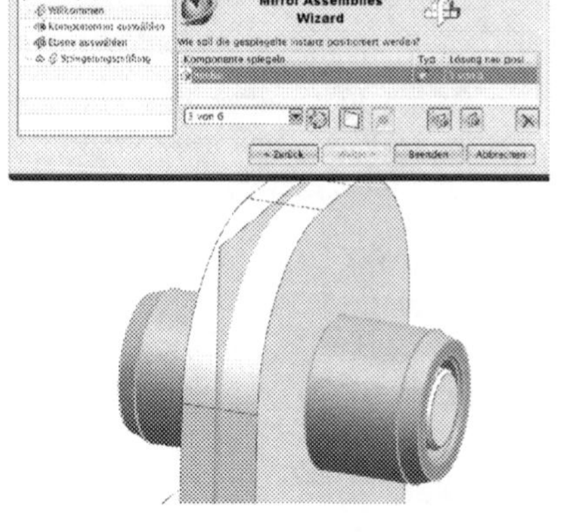

Beim Baugruppen spiegeln werden zunächst nur Komponenten in deren Positionen gespiegelt. Für Einzelteile kann darüber hinaus auch <u>echte</u> Spiegelgeometrie erzeugt werden (z. B. für echte Links-/Rechtsteile). Hierfür die Komponente in der Liste wählen und entsprechendes Icon klicken.

7.17 Ladeoptionen

Ladeoptionen verändern in keiner Weise zu ladende Bauteile, sondern nur deren Verhalten beim Laden. Eine Baugruppe wird vollständig geöffnet, wenn alle Komponenten geladen werden. Dies ist nur dann möglich, wenn NX die <u>Suchordner</u> der Komponenten kennt. Die Ladeoptionen definieren u. a. die Suche in diesen Speicherorten oder die Anzeige beim Laden.

Datei
⇨ *Optionen*
⇨ *Ladeoptionen für Baugruppen*

Teileversionen

Laden ⇨ (nachfolgend die DropDown Optionen)

Wie gespeichert
bedeutet, dass die Komponenten wie beim letzten Speichern geladen werden, egal aus welchen Ordnern diese bezogen wurden.

Aus Ordner
bedeutet, die Komponenten werden aus dem gleichen Verzeichnis geladen, in dem die Oberbaugruppe liegt.

Aus Suchordnern (im Screenshot abgebildet)

werden die Komponenten aus einem oder mehreren in der darunter angegebenen Liste von Suchverzeichnissen geladen.

Unter *Ordner für die Suche hinzufügen* werden die Suchverzeichnisse definiert. Hier werden Verzeichnispfade oder Sammelverzeichnisse angegeben, in denen unsere Bauteile abgelegt sind. Ein Sammelverzeichnis bezieht alle Unterordner mit ein und wird durch „\...“ - 3 Punkte am Ende - angegeben.

Die Suchverzeichnisse sollten keinen . (Punkt) im Namen besitzen.

Umfang

Bei großen Baugruppen (> 1000 Komponenten) ist ein vollständiges Laden der Komponenten aufgrund von möglichen längeren Lade- und Darstellungszeiten nicht immer erwünscht.

Laden | Alle Komponenten ▾

Hier kann in der DropDown Liste angegeben werden, welche Vollständigkeit die Komponenten in der Struktur aufweisen sollen. Zum Beispiel, dass nur die *Struktur* geladen werden soll (also keine Geometrie) und aus der Struktur können dann einzelne Komponenten nachgeladen werden. *Alle Komponenten* lädt alle Komponenten der Struktur auf einmal.

☑ Teilweises Laden

Diese Option lädt aus **jeder** Komponente nur den notwendigen Inhalt. Bei RefSet Solid werden hier zur Darstellung nur Elemente des RefSets jeder Komponente geladen. Alle anderen Geometrien (Skizzen, Kurven etc.) bleiben nicht geladen. Erst bei Aktivierung eine Komponente wird diese vollständig nachgeladen.

☐ Lightweight-Darstellungen verwenden

Zu jedem NX Bauteil werden Lightweight Informationen (eine einfache geom. facettierte Repräsentation auf Basis des JT Formats) gespeichert. Diese Option bedingt, dass nur die Lightweight Darstellungen aus den Bauteilen geladen werden (sonst keine andere geometrische Information). Diese Darstellung entspricht der Körpergeometrie der Komponente und erlaubt ebenfalls Messoperationen und Kollisionsuntersuchungen.

Sind Komponenten als Lightweight geladen, erkennen wir dies am Feder-Symbol in der Spalte *Repräsentation* im Baugruppen-Navigator.

JT (engl. Jupiter Tesselation) ist ein 3D-Datenformat zur vereinfachten Visualisierung insbesondere in großen Baugruppen, da die Lade- und Anzeigezeiten der Geometrieinformationen erheblich reduziert werden können. Weiterhin wird das Format in Viewern von EDM/PDM-Systemen genutzt und zum Informationsaustausch zwischen verschiedenen CAx-Systemen.

Ladeverhalten

Werden verbaute Komponenten einer Baugruppe in anderen NX-Sitzungen verändert, so wird die NX-interne Versionierung geändert und die Daten können nicht sofort geladen werden. Über *Komp. Ersetzen zulassen* sind auch diese Daten wieder zugänglich. Diese Optionen sind auch in Verbindung mit einem EDM/PDM-System sehr interessant.

Reference Sets

beinhaltet eine Liste möglicher Reference Sets, die beim Laden für die Darstellung genutzt werden können. Der Eintrag an erster Stelle wird primär für das Laden verwendet. Besitzt eine zu ladende Komponente dieses Reference Set nicht, so wird das an zweiter oder weiterer Stelle in der Liste stehende Reference Set geladen. Der Schalter *teilweises Laden* erlaubt, dass nur die Information aus der zu öffnenden Komponente geladen wird, die auch auf dem Reference Set liegt. D.h. ein Laden mit Reference Set FACET an erster Stelle der Liste würde nur die Facettierte Repäsentation aus den Teilen laden und somit für das Visualisieren großer Baugruppen ideal geeignet sein. Vorasssetzung ist hier, dass ein solches Reference Set mit der Facettierten Repräsentation in den Teilen existiert (vgl. Download-Bereich - Große Baugruppen). *As Saved* ist ein verstecktes Reference Set und lädt die Komponenten, wie diese zuletzt gespeichert wurde.

Gespeicherte Ladeoptionen

können wiederverwendet werden. Für unterschiedliche Modellierungsaufgaben können bestimmte Sätze an Suchverzeichnissen oder andere Ladeoptionen hier einfach in eine Textdatei gespeichert und wieder aufgerufen werden.

8 Zeichnungserstellung

In der Anwendung *Zeichnungserstellung* können wir assoziativ zur Ursprungsgeometrie technische Zeichnungen erzeugen. Wir werden neben den Erläuterungen Schritt für Schritt die abgebildete Zeichnung unseres *Gehäuse1* erzeugen und anschließend weitere Funktionen kennenlernen.
Die Anwendung erreichen wir im aktiven Teil unter *Start* ⇨ *Zeichnungserstellung* oder *Shift+Strg+D.* NX bietet eine große Auswahl an Funktionen und Einstellungen für die Zeichnungserstellung. Im Rahmen dieses Buches werden nur die wichtigsten Funktionen gezeigt.

8.1 Allgemeiner Aufbau von Zeichnungen

Technische Zeichnungen bestehen aus einer Vielzahl von Elementen. Wir schauen uns nachfolgend einige an, um die Erstellung in NX besser nach zu vollziehen. Die abgebildete Zeichnung ist auf Basis unseres 3D-Modells des *Gehäuse1* entstanden.

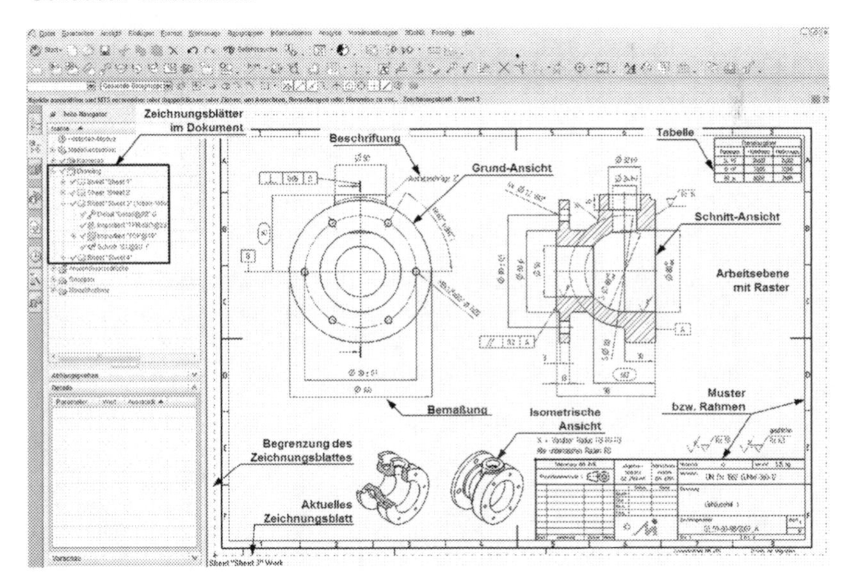

Zeichnungsblätter (engl. Drawing Sheets)

sind die einzelnen Blätter eines Zeichnungssatzes einer Komponente. Wir können in NX zwischen den Blättern im Teile-Navigator wechseln.

Ansicht

einer 3D-Komponente kann projiziert, geschnitten oder geklappt sein.

Arbeitsebene
kann wie im Skizzierer individuell eingestellt werden.

Muster (engl. Pattern)
sind in das Zeichnungsblatt eingeladene Geometrie (Kurven, Linien) um bspw. den Zeichnungsrahmen abzubilden.

Bemaßungen
werden an der Geometrie der Ansichten angetragen und sind frei formatierbar. Die Formatierung richtet sich nach unseren Voreinstellungen.

Beschriftungen
sind frei eingebbare Texte mit und ohne Bezugspfeile und frei formatierbar.

Tabellen
beinhalten frei eingebbare Texte und sind frei editierbar.

8.2 Anlegen von Zeichnungen

Für das Anlegen von Zeichnungen unterscheiden wir in NX zwei Vorgehensweisen, die nachführend erläutert sind.

Modell intern

Zeichnungen werden in NX innerhalb der **.prt* Datei des Modells gespeichert, d. h. Zeichnungen stellen keine separaten Dateien dar, es wird nur in die *Anwendung Zeichnungserstellung* des aktiven Bauteiles gewechselt.

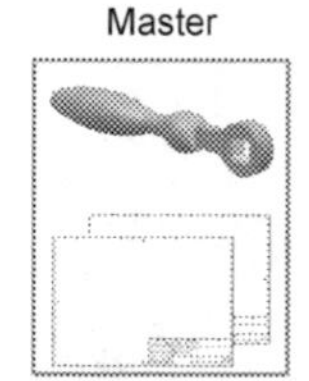

Bauteil.prt

Vorteilhaft für das Arbeiten ohne EDM/PDM-System, da die Anzahl der Dateien nicht vergrößert wird und eine **.prt* Datei immer die Zeichnung beinhaltet. Wir legen nun für unser Gehäuse1 eine Modell interne Zeichnung an.

Separates Modell für Zeichnungen

Es wird ein assoziatives Non-Master-Part eines Master-Modells als <u>neue Datei</u> erzeugt, welches nur der Zeichnungsableitung dient. Das Geometrie besitzende Bauteil wird als Komponente in die **_dwg.prt* eingebaut. *Datei* ⇨ *Neu*, eine Zeichnungsschablone wählen und *Teil zur Erzeugung einer Zeichnung* angeben.

Non - Master

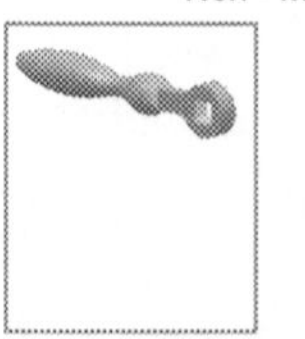

Bauteil_geo.prt Bauteil_dwg1.prt

Diese Vorgehensweise ist vorteilhaft für das Arbeiten mit EDM/PDM-Systemen, da die Zeichnung separat zugeordnet und freigegeben werden kann. Zusätzlich ist dies vorteilhaft für größere Baugruppen oder komplexe Geometrien, die über ein Netzwerk geladen werden. Die Zeiteinsparung ergibt sich, da nur die Zeichnung und nicht alle dazugehörenden Komponenten für die Erstellung geladen werden müssen.

8.3 Zeichnungsblatt anlegen

Ein Zeichnungssatz kann mehrere Zeichnungsblätter beinhalten. Wird die Zeichnungserstellung erstmalig in einem Bauteil aufgerufen, so erscheint automatisch der Dialog zur Definition des ersten Zeichnungsblatts.

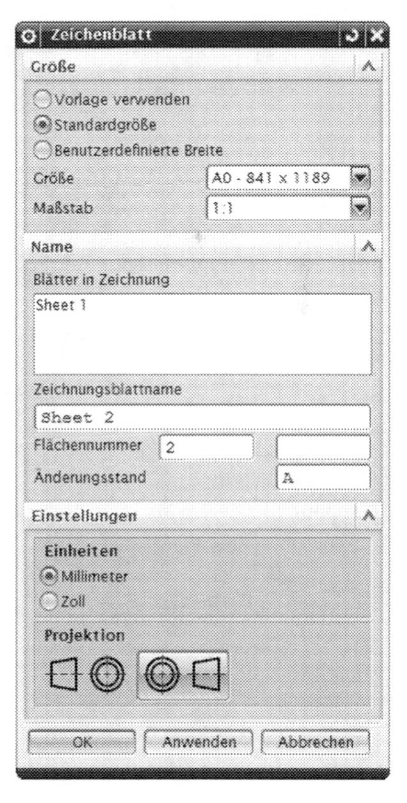

Oder wir wählen *Neues Zeichnungsblatt.*

Größe

gibt die *Standardgrößen* oder *Benutzerdefinierte Breiten* zur Auswahl. Unter *Vorlage verwenden* haben wir zusätzlich die Rahmen aus den Schablonendateien zur Verfügung. Der Maßstab legt den Standard für die Ansichten des Blattes fest.

Name

für das Zeichnungsblatt. Vorhandene Blätter werden hier bereits angezeigt.

Einstellungen

für *Einheiten* und Methode der *Projektion.*

Für die Projektion wird nach DIN Methode 1 verwendet, Methode 3 gilt bspw. für ANSI-Standard.

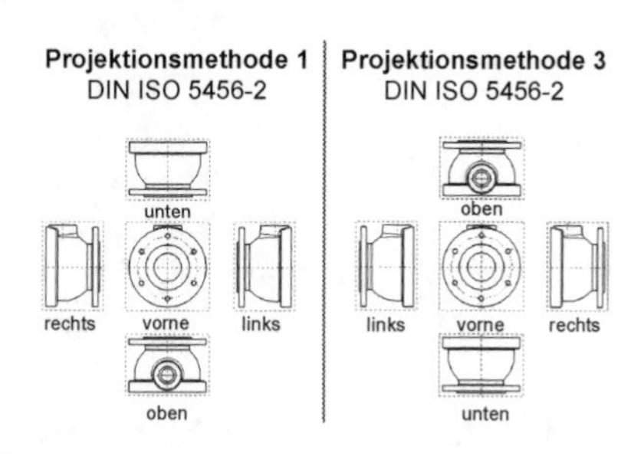

Die NX-internen Vorlagen sind nicht nach DIN gestaltet. Wir werden noch sehen, wie wir unsere eigenen Standards in die Voreinstellungen übernehmen.

Die so erzeugten Zeichnungsblätter erscheinen namentlich im Teile-Navigator. Das Bearbeiten der Einstellungen des Zeichnungsblatts erfolgt über:

RMT auf Teile-Navigator des entsprechenden Zeichnungsblatts

⇨ *Blatt bearbeiten...*

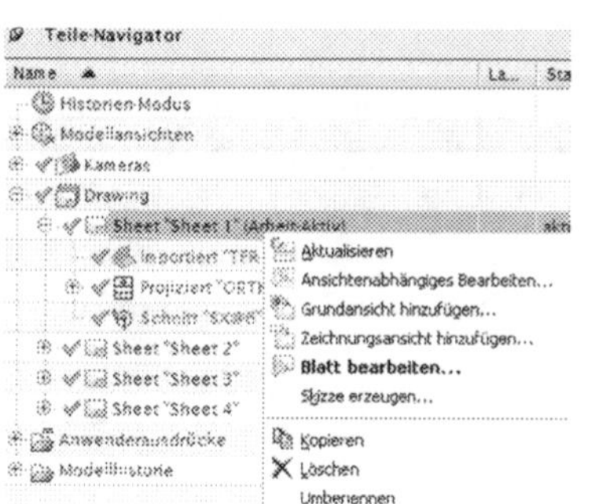

8.4 Muster und Rahmen

Zeichnungsrahmen werden aus anderen Dateien importiert oder als Muster (engl. Pattern) auf Zeichnungen eingefügt. Muster sind Referenzen auf Geometriedaten z. B. eines Rahmens. Es werden hier keine Zeichnungsrahmengeometrien in der Zeichnung gespeichert, sondern nur die Verknüpfung. Die Muster können so in zentralen Verzeichnissen gespeichert werden und unterliegen administrativen Änderungen bzw. Aktualisierungen, die dann sofort auf die Muster aller Zeichnungen im Bestand übertragen werden. Die Muster werden beim Aufruf der Zeichnungen separat geladen.

Zur Erstellung eines Musters kann jedes NX-Modell als Pattern abgespeichert werden. Dabei gelten dieselben Namensrestriktionen wie für andere Modelle. Beispiel-Rahmen sind im Download-Bereich zur Verfügung gestellt.

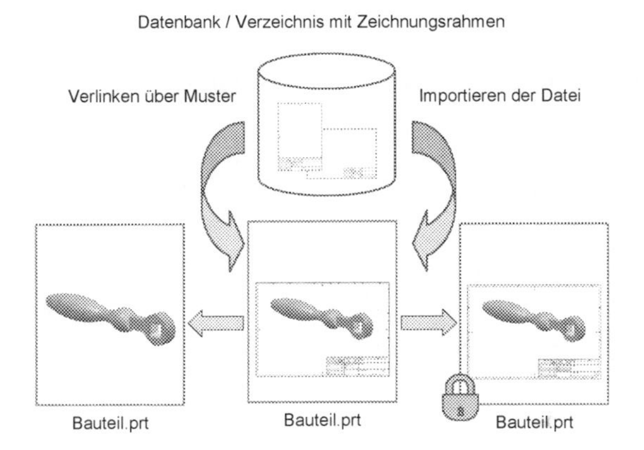

Einfügen eines Zeichnungsrahmens als Muster

Format ⇨ *Muster...* ⇨ *Muster laden* ⇨ *OK* ⇨ *a3.prt* auswählen (aus Download) ⇨ *OK* ⇨ auf Punkt (0;0;0) einfügen

Das eingefügte Muster wird als ein Element eingefügt und sollte auf den entsprechenden Zeichnungsrahmen Layer (120) verschoben werden.

Muster nachladen

Ist bereits ein Muster auf dem Blatt eingefügt, so kann dieses nachgeladen oder aktualisiert werden. *Format* ⇨ *Muster...* ⇨ *Muster aktualisieren* ⇨ Muster anwählen.

Muster permanent in der Zeichnung belassen

Format ⇨ *Muster...* ⇨ *Muster erweitern* ⇨ geladenes Muster anwählen

Das Muster wird in die Bestandteile zerlegt und bleibt nicht assoziativ, permanent auf dem Zeichnungsblatt.

8.5 Beschriftungen / Hinweise

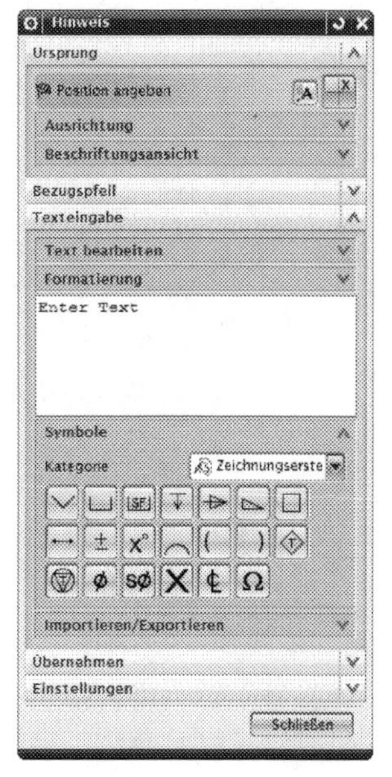

Beschriftungen werden mit Hilfe der Funktion *Hinweis* eingefügt. Ebenso können mit dieser Funktion zusätzliche Texte an vorhandene Maße angefügt gängige Formatierungen durchgeführt und Symbole z. B. für Form- und Lagetoleranzen eingefügt werden. Dazu kann der Bereich der Symbole erweitert und der jeweilige Symboltyp ausgewählt werden.

Gedrückt halten der LMT auf den Arbeitsbereich und Ziehen der Maus erzeugt einen Pfeil zur Beschriftung.

Wir können nun zur Übung unseren Zeichnungsrahmen mit ein paar Texten versehen und die Texte mit Hilfe des Editors formatieren.

Für weitere Beschriftungen in Symbolform, wie Schweißen oder Oberflächenangaben gibt es separate Funktionen. Symbole können auch in Bibliotheken abgelegt und aufgerufen werden. Diese Funktionen finden wir unter: Menü ⇨ *Einfügen* ⇨ *Symbol...*

8.6 Ansichten

In NX gibt es eine Assistent-Funktion zur Erzeugung von Ansichten. Wir erläutern in diesem Buch die einzelnen Erzeugungsschritte bis zur kompletten Zeichnung in den jew. Funktionen. Haben wir uns dies erarbeitet, haben wir auch das Hintergrundwissen zur Nutzung des Assistenten.

Wir beginnen mit einer *Grundansicht* unseres Gehäuse1. Beim Aufruf erscheint der nebenstehende Dialog und eine schattierte Vorschau.

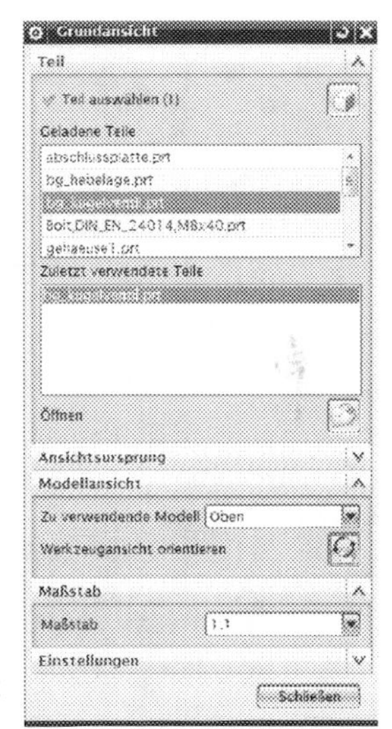

Teil

Hier wird das aktive Teil genutzt, es können auch Ansichten anderer Teile eingefügt werden.

Modellansicht

beinhaltet die *Standard-Ansichten.* Hier wird die *Werkzeugansicht* am 3D Modell orientiert.

Maßstab

Hier kann der Maßstab der Ansicht verändert werden.

Einstellungen

Ansichtsstil (siehe unten) bzw. Möglichkeit Komponenten in Ansicht nicht darzustellen.

Werkzeugansicht orientieren

öffnet ein Vorschaufenster, in dem die Orientierung der Grundansicht individuell definiert werden kann. Der *Triadenursprung* als auch die Funktionsicons im Dialogfenster werden für die Orientierung im Raum genutzt. Mit Hilfe der Icons werden von Geometrieobjekten Vektoren ermittelt, die zur Ausrichtung dienen oder die Vektorrichtung editiert.

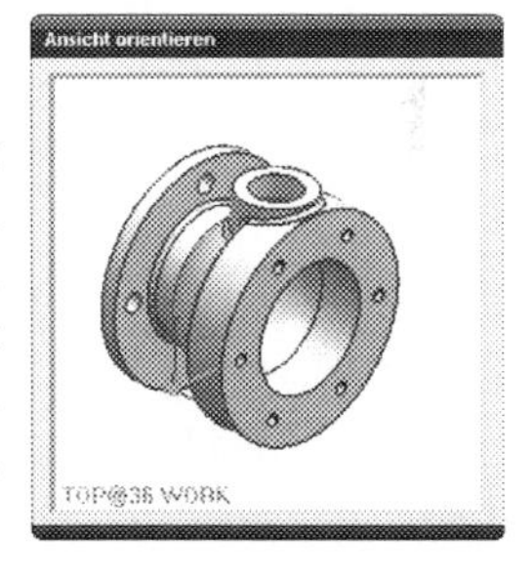

Eine Vorschau zu platzierender Ansichten kann als Rand, Drahtmodell, verborgenes Drahtmodell oder schattiert angezeigt werden. Die gewünschte Vorschau kann mit RMT auf das Vorschaufenster im Vorschautyp verändert werden.

Über die Angabe von Vektoren (vgl. Vektor-Konstruktor) kann die Grundansicht des Modells ausgerichtet werden. Doppelklick auf die Vektoren kehren deren Richtung um.

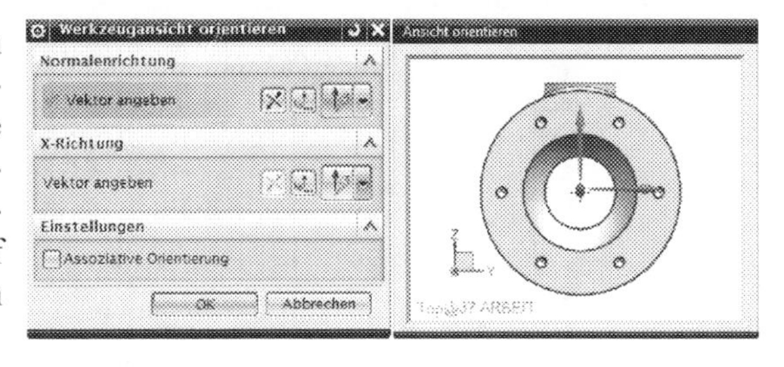

Sobald die Grundansicht platziert ist, wechselt NX in die Funktion des Einfügens einer *Projizierten Ansicht.* Hilfreich ist dabei die schattierte und mit Hilfslinien versehene Darstellung der Position. Abgesetzt wird die nächste Ansicht mit LMT.

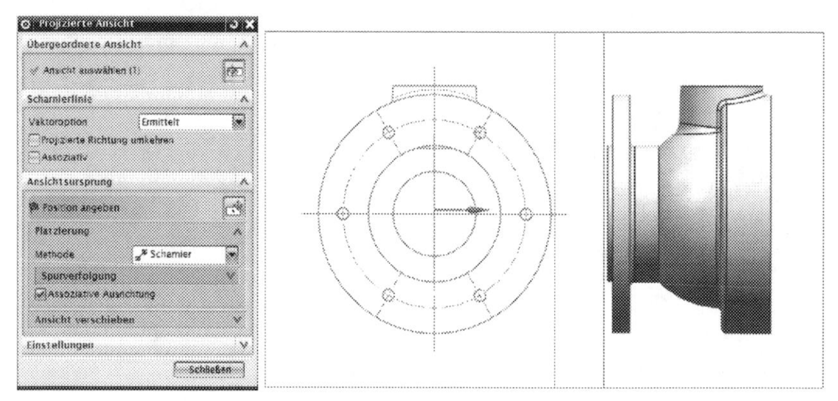

Bearbeiten von Ansichten

Der Rahmen um die Ansicht dient der Selektion der Ansicht. Ansichten über Standard-Windowsfunktionen können kopiert, ausgeschnitten, eingefügt (*Strg + C, X, V*) und gelöscht (*Entf*) werden.

Ansichtstil

ist über RMT auf die Ansicht erreichbar und definiert sämtliche Eigenschaften der jeweiligen Ansicht, u. a. die Kantendarstellung. Die automatische Erzeugung von Mittel- und Hilfslinien beim Einfügen der Ansichten ist ebenfalls im *Ansichtsstil* definiert.

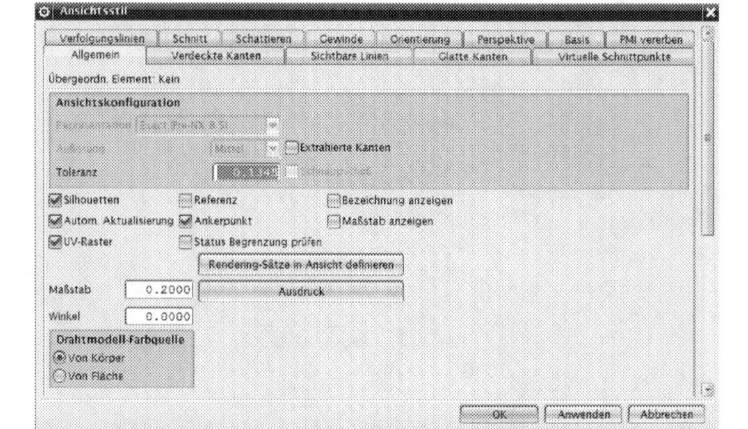

Ansichtsbegrenzung

definiert den sichtbaren Bereich einer Ansicht. RMT auf Ansicht ⇨ *Begrenzung...* Hiermit können vollständige Ansichten auf bestimmte Bereiche eingeschränkt werden (hier Option *Manuelles Rechteck*).

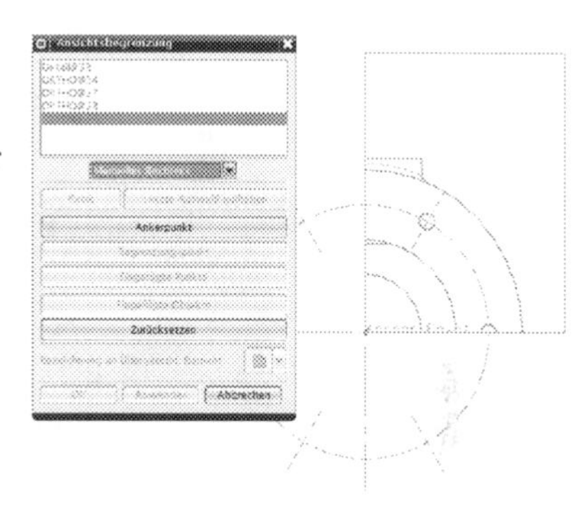

Dies ist bei größeren Bauteilen oder Baugruppen, bei denen nur Teile dargestellt werden sollen von Vorteil.

8.7 Layereinstellungen in Ansichten

In Ansichten sind generell nur Layer sichtbar, die in der Anwendung *Konstruktion* auch aktiv sind. Daher ist in unserer Grundansicht sowohl das Koordinatensystem als auch evtl. Hilfsgeometrie sichtbar.

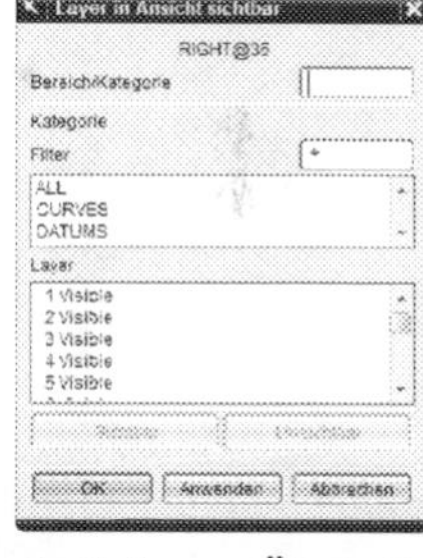

Dies kann durch Umschalten des Reference Set auf Model behoben werden (nur für separate Zeichnungsdatei möglich).

Strg+ Shift +V

Wir können für jede Ansicht die sichtbaren Layer separat definieren. Über die Funktion Menü ⇨ *Format* ⇨ *Sichtbar in Ansicht...* können für eine entsprechend gewählte Ansicht die Layer des aktiven Teils separat ein- und ausgeblendet werden. Dies ist besonders für Hilfskonstruktionen oder Mehrfachdarstellungen sinnvoll.

8.8 Schnittansichten

Schnittansichten basieren stets auf bestehenden Ansichten und können wie beschrieben in der Darstellung editiert werden. NX bietet mehrere Möglichkeiten, Schnittansichten zu erzeugen. Exemplarisch soll im Folgenden nur eine Funktion dargestellt werden, weitere sind von der Vorgehensweise ähnlich und intuitiv nachvollziehbar.

⇨ *Schnittansicht*
⇨ Ansicht wählen, in der geschnitten werden soll
⇨ Toolbar *Schnittansicht* wird aktiv
⇨ Schnittpunkt wählen, oberer Gewindebohrung auswählen

Für die Schnittpunktauswahl mit dem Punktefang und QuickPick arbeiten.

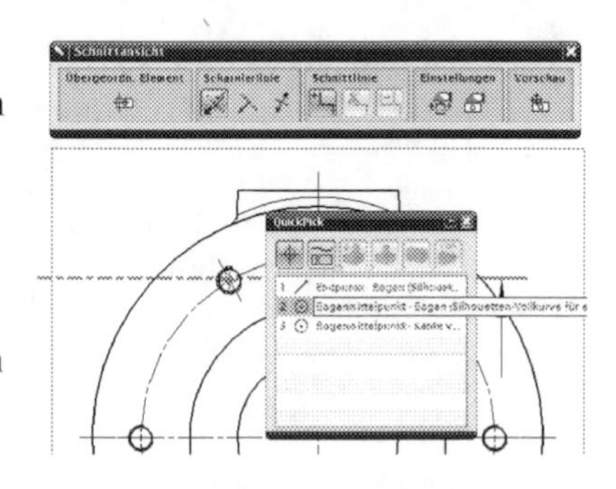

⇨ *Schnittlinie Segment hinzufügen* gestaltet die Schnittlinie stufenweise
⇨ weiteren Schnittpunkt auswählen

Unter der Menügruppe *Schnittlinie* können die gewählten Schnittpunkte auch wieder gelöscht oder verschoben werden.

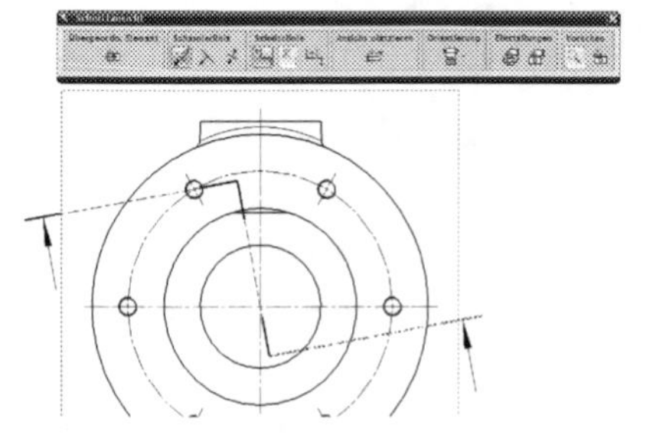

⇨ Toolbar *Schnittansicht* wird auf die Einstellungen reduziert.
⇨ *Schnittlinienstil*

Hier können wir zusätzlich die Darstellung der Schnittlinie editieren und auch angeben, welchen Buchstaben der Schnitt erhalten soll. Dieser Dialog ist auch über Doppelklick auf die Schnitt-Buchstaben erreichbar.

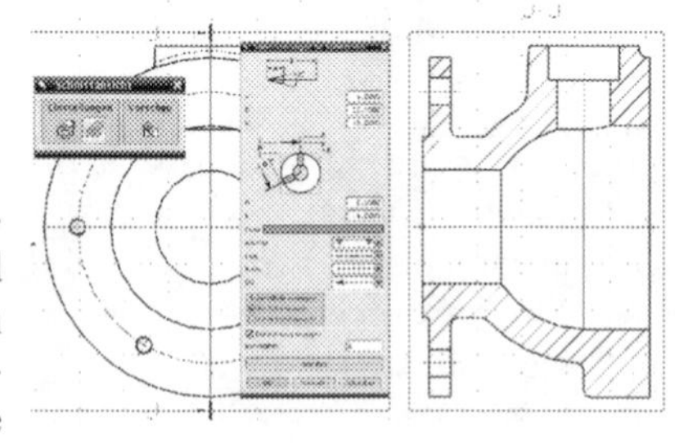

⇨ *Ansicht platzieren* oder MMT
⇨ Ansicht absetzen

8.9 3D-Schnittansichten

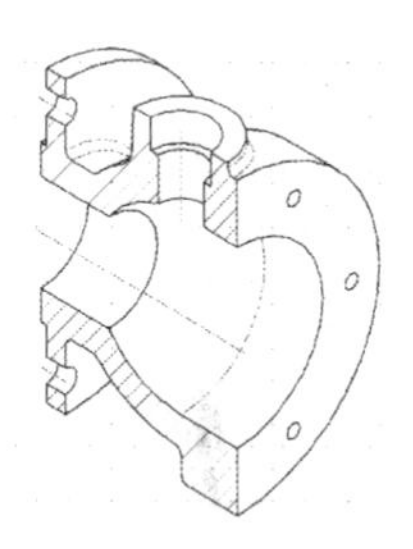

3D-Schnittansichten werden wie Schnittansichten definiert. Wir benötigen jedoch noch eine 3D-Ansicht, von der wir die Orientierung erben, d. h. übertragen können.

Also jetzt eine isometrische Ansicht auf dem Zeichnungsblatt oder einem separatem Hilfsblatt anlegen, damit wir eine Ansicht zur Vererbung haben.

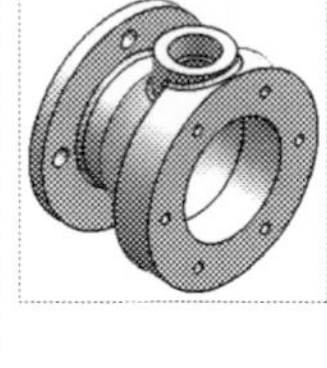

⇨ Isometr. *Grundansicht* einfügen
⇨ *Ansicht* (TFR-ISO)
⇨ *Maßstab* (1:2)
⇨ *Einstellungen*
⇨ Reiter *Allgemein*
⇨ *Mittellinien* (aus)
⇨ Ansicht absetzen

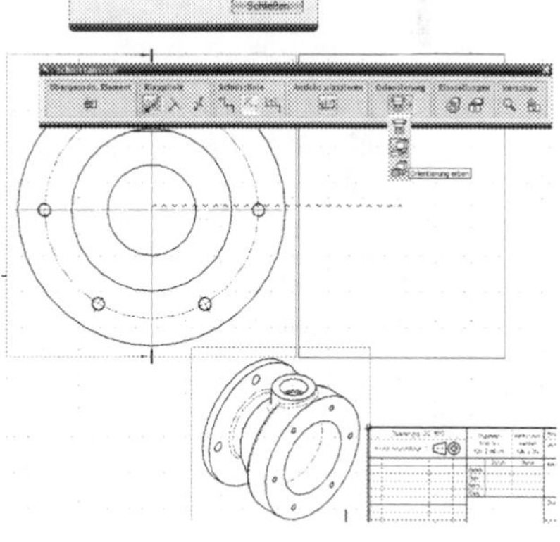

⇨ *Schnittansicht*
⇨ Grundansicht wählen
⇨ *Schnittpunkt* wählen
⇨ *Orientierung erben*
⇨ Isometr. *Ansicht* wählen
⇨ Ansicht absetzen und ggf. formatieren

Diese Vererbung der Orientierung finden wir in vielen Schnittfunktionen wieder.

8.10 Ausbruch-Schnittansicht

Ausbruchkontur

Grund- und Seitenansicht sind erzeugt

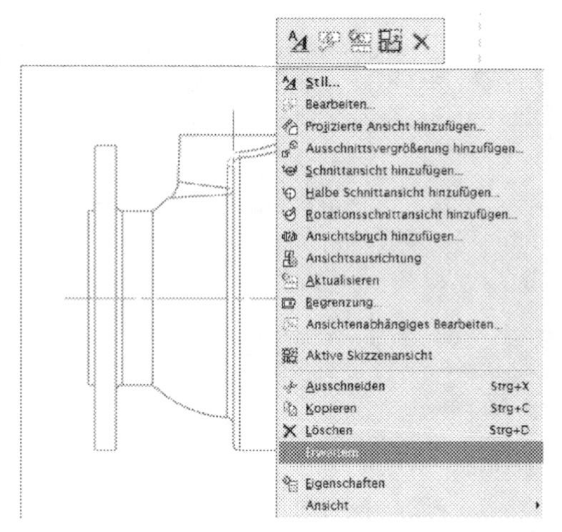

⇨ Ansicht für Ausbruch selektieren
⇨ RMT auf Ansichtsrahmen
⇨ Kontextmenü
⇨ *Einzelansicht erweitern*

Wir sind nun in der Ansicht und können hier beliebig ansichtsspezifische Kurven hinzufügen.

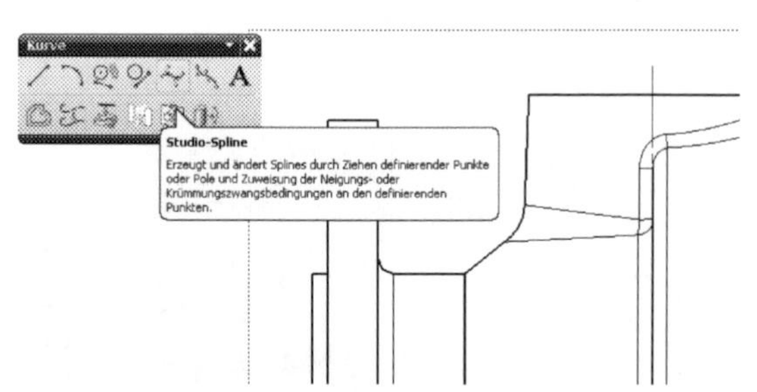

⇨ *Werkzeugleiste Kurven*
⇨ *Studio Spline*

⇨ *geschlossen* (an)
⇨ nebenstehenden Spline in etwa nachempfinden

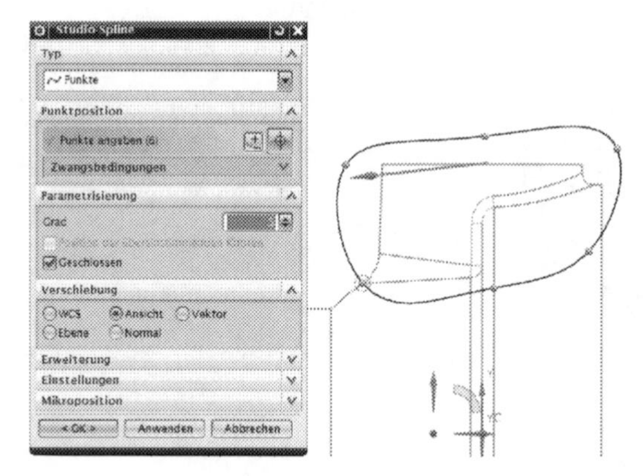

⇨ RMT auf Bereich außerhalb der Ansicht
⇨ *Erweitern* (aus)

Der Spline ist nun Bestandteil der Ansicht.

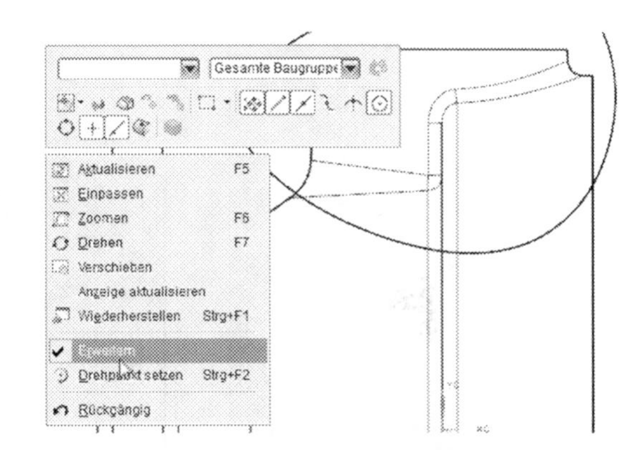

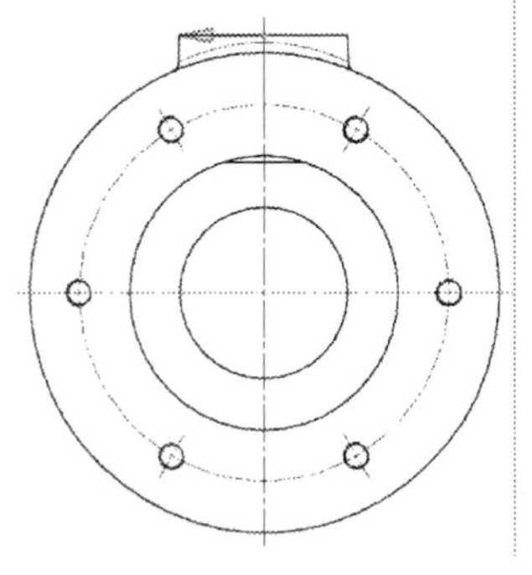

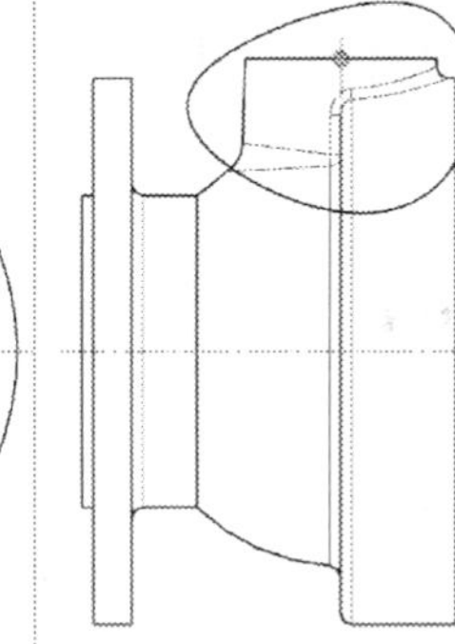

⇨ *Ausbruch-Schnittansicht*
⇨ *Ansicht wählen*
⇨ *Basispunkt wählen* (dieser sollte in der Mitte der Schnittebene liegen, Bild oben)
⇨ Richtung bestätigen MMT

⇨ *Kurve wählen* (Spline wählen)
⇨ *Anwenden*
⇨ *Abbrechen*

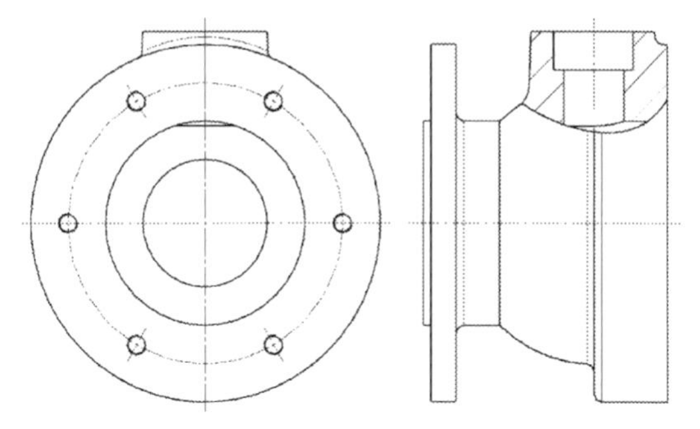

8.11 Detailansichten

⇨ *Ausschnittsvergrößerung*
⇨ Toolbar erscheint
⇨ Maßstab festlegen
⇨ *Begrenzung* rechteckig oder rund festlegen

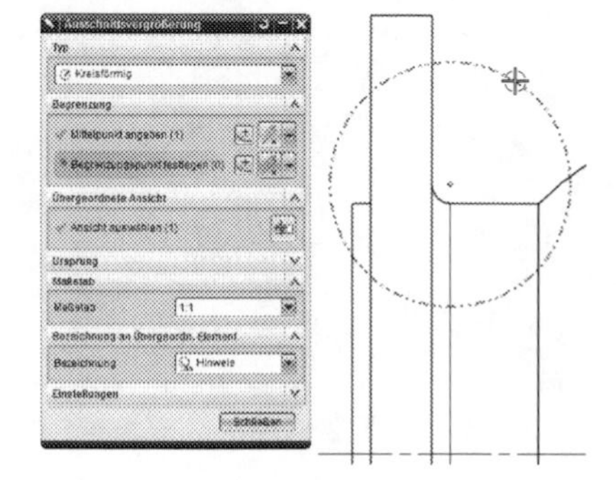

⇨ Begrenzungsmittelpunkt klicken und Rahmen/Kreis aufziehen
⇨ Ansicht absetzen
⇨ MMT

⇨ Doppelklick auf die Ansichtsbezeichnung
⇨ Dialog *Bezeichnungsstil anzeigen* erscheint
⇨ Werteformat für Maßstab ändern
⇨ *Buchstaben* Z eingeben
⇨ *OK*

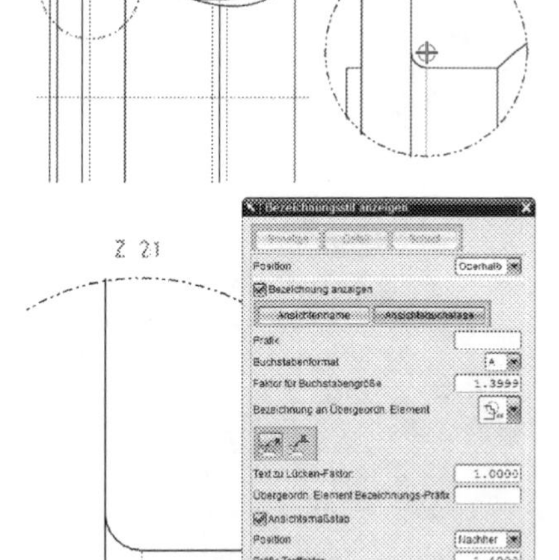

8.12 Hilfsgeometrie – Mittellinien

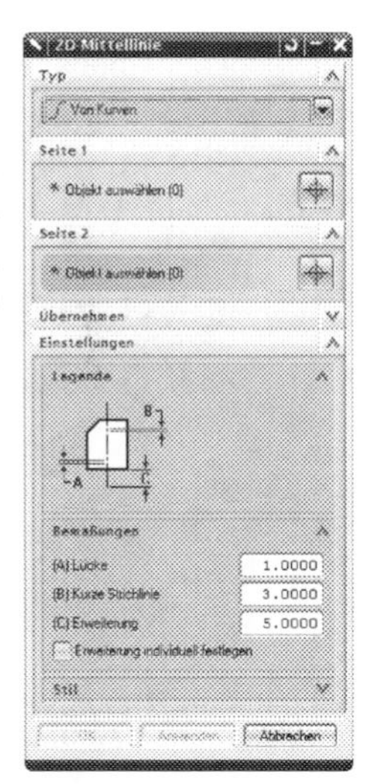

Hilfsgeometrien, u.a. Mittellinien, können über die Werkzeugleiste Beschriftung erreicht werden.

Die Platzierung der Hilfsgeometrie kann über Kanten und Kurven oder über Funktionen des Punktefangs erfolgen. Maßliche Anpassungen können im Bereich der Einstellungen vorgenommen werden. Die erzeugte Hilfsgeometrie ist assoziativ zu den zugrundeliegenden Geometrien der Ansichten.

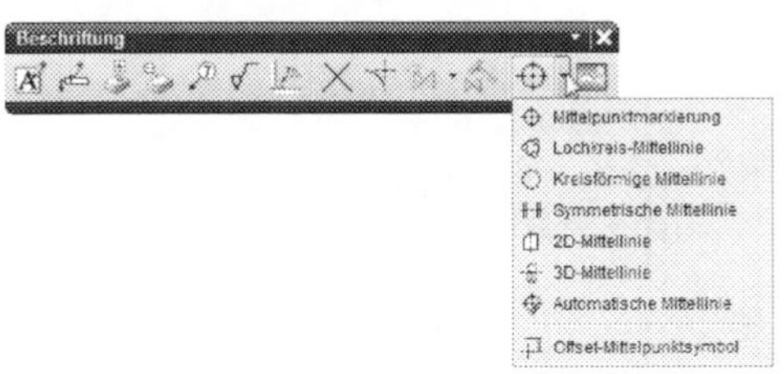

Mittelpunktmarkierung
erzeugt einzelne oder mehrere Mittellinien von (Loch-)Kreisen.

Zielpunktsymbol
erzeugt einen bemaßbaren Punkt.

3D-Mittellinie
paarweise Linien anwählen für die Definition der Mittellinie von-bis.

2D-Mittellinie
Klickreihenfolge, 1. Paar für die Definition des Mittelabstands, 2. Paar für die Länge der Linie

Schnittsymbol
erzeugt einen virtuellen Schnittpunkt von Objektpaaren z. B. Hilfsgeometrie für die Bemaßung verrundeter Kanten.

Symmetrische Mittellinie
erzeugt Symmetriemarken an Mittellinien.

Lochkreismittellinie

Kreisförmige-Mittellinie

Offset-Mittelpunktsymbol
erzeugt einen Bogenmittelpunkt an beliebiger Stelle. Diese Option kann z. B. für große Bögen verwendet werden, deren Mittelpunkt außerhalb der Zeichnung liegt.

Automatische Mittellinie
erzeugt Mittellinien für die gewählte Ansicht automatisch, leider selten normgerecht, so dass hier Nacharbeit notwendig wird.

8.13 Bemaßung

Erzeugen

von Bemaßungen in Zeichnungen verwendet ähnliche Funktionen, die wir bereits aus dem Skizzierer kennen. *Ermittelt* gewährleistet oft die intuitiv richtige Bemaßungsart, sofern wir Punkte und Linien auswählen. Sollte eine bestimmte Bemaßungsart so nicht antragbar sein, können wir im nebenstehenden Fly-Out-Button weitere Bemaßungsarten spezifizieren.

Die Toolbar zur Bemaßung bietet mehrere Einstellmöglichkeiten das Maß betreffend. *Wert* erlaubt auch ein Toleranzmaß oder Grundlinienmaß zu definieren. *Text* ruft den Beschriftungseditor auf und das Maß kann mit Prä- und Suffixen sowie Symbolen etc. versehen werden.

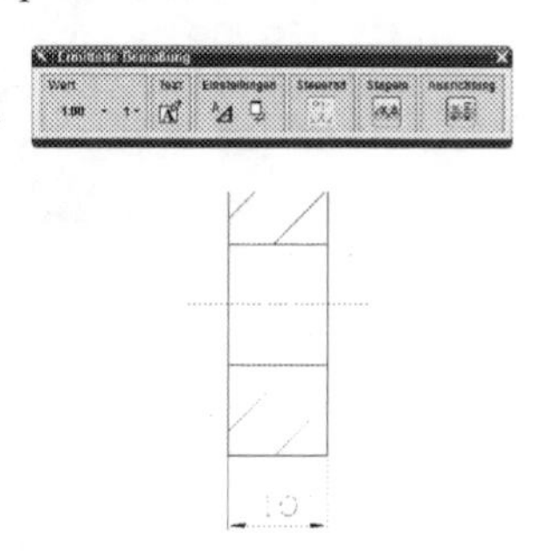

Wir erzeugen uns nun ein Maß und ändern nachfolgend die Formatierung.

Bemaßungsstil

definiert die gesamte Darstellung des Maßes inkl. Linien, Pfeilen sowie Text. Erreichbar ist der Dialog auch über RMT auf ein Bemaßungsobjekt.

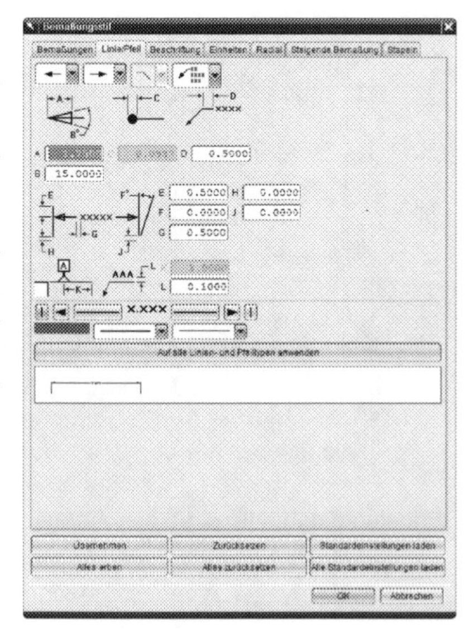

Die Möglichkeiten der Einstellungen sind auf den ersten Blick sehr umfangreich. Damit wir einen Eindruck erhalten wie diese Dialoge arbeiten, probieren wir nun an unserem Maß die möglichen Einstellungen aus.

8.14 Konzept der Vererbung von Einstellungen

In vielen Dialogen finden wir folgende Funktionen. Diese dienen der Vererbung von Einstellungen, damit wir diese nicht ständig neu eingeben müssen.

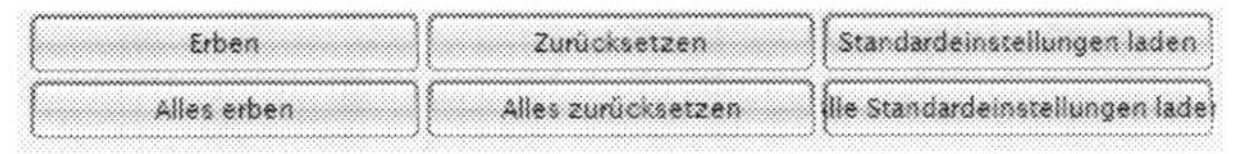

Das Konzept der Vererbung von Eigenschaften ist nebenstehend skizziert. Die Eigenschaften eines Objektes können auf ein anderes übertragen werden. Basis der Eigenschaften sind die in der Voreinstellung definierten (1.).

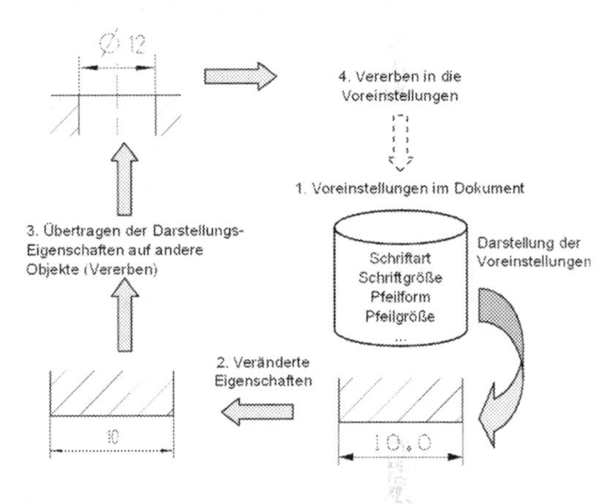

Wird ein Objekt anderweitig formatiert (2.), so kann diese Formatierung auf weitere Objekte (3.) und auch auf die Voreinstellungen (4.) vererbt werden. Die Funktionen unterhalb der Dialoge sind nachfolgend erläutert.

Erben - die Einstellungen eines zu wählenden Objektes werden nur für den dargestellten Dialog-Reiter übernommen. Vorgehensweise:

⇨ Bemaßungsstil-Dialog des zu verändernden Objektes aufrufen (Mehrfachauswahl zulässig oder *Strg+A* selektiert alle nach Filter)
⇨ *Erben* klicken
⇨ Objekt wählen dessen Eigenschaften geerbt werden sollen
⇨ *Anwenden* oder *OK*

Alles Erben - nicht nur die Einstellungen eines Dialog-Reiters, sondern sämtliche Eigenschaften des Objekts werden vererbt.

(Alles) Zurücksetzen - Einstellungen auf vorherige Werte zurücksetzen für diesen (alle) Reiter.

(Alle) Standardeinstellungen Laden - lädt Einstellungen aus der Einstellungsdatei für diesen (alle) Reiter.

Voreinstellungen
für die Zeichnungserstellung finden wir im Menü ⇨ *Voreinstellungen...* Hier sind die Einträge für *Zeichnungserstellung*, *Beschriftung*, Ursprung, Ansicht und Schnittlinie für die Zeichnungserstellung interessant. Die darunterliegenden Dialoge sind gleich den bereits kennengelernten Dialogen zur Formatierung dieser Objekte. Doch während die Objektformatierungsdialoge nur die, für dieses Objekt relevanten Einstellungen beinhaltet, besitzen die Voreinstellungsdialoge alle Einstellungen aller möglichen Objekte.

8.15 Bemaßungen automatisch ableiten

Formelementparameter
überträgt Abmessungen von Formelementen, die bei der Modellierung erstellt wurden in die Zeichnung hinein. Diese Vorgehensweise ist insbesondere für Skizzen, die bereits nach Aspekten von techn. Zeichnungen aufgebaut sind, geeignet. Sollten die Bemaßungen der Zeichnung nicht den Normen entsprechend formatiert sein, liegt dies zumeist in den Voreinstellungen begründet.

Wir öffnen unser Beispiel der Hülse und leiten davon eine Schnittdarstellung ab. Die nachfolgende Grund- und Schnittansicht erzeugen wir auf *Blatt1.*

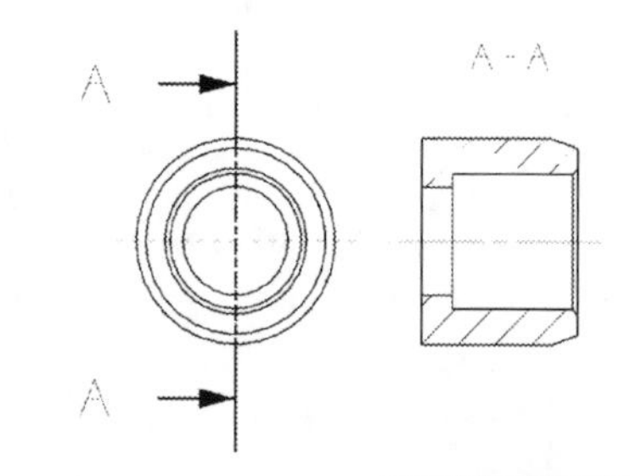

Es ist darauf zu achten, dass die Skizze auf Layer 21 in der Schnittebene liegt.

Wir legen Blatt 2 an und kopieren die Schnittansicht von Blatt 1 (*Strg+C*) auf Blatt 2 (*Strg+V*).

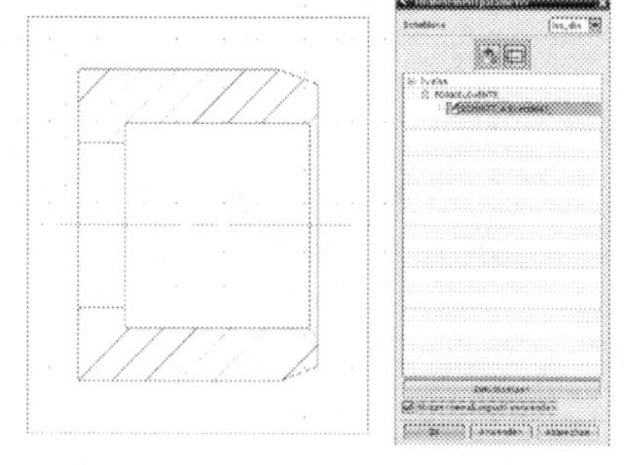

⇨ *Formelementparameter*
⇨ Formelement (Skizze) wählen
⇨ Ansicht wählen, in der dieses Formelement bemaßt werden soll.

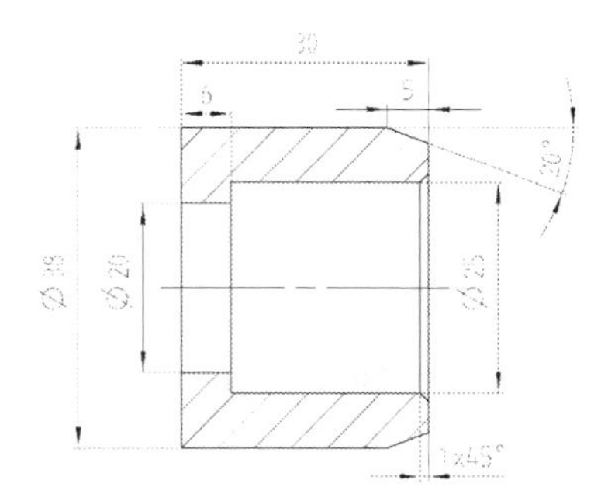

Nachdem die Maße erzeugt und etwas besser positioniert sind, können wir die Bemaßung mit ein paar Anpassungen (z. B. Antragen der Präfix für die Durchmesser) bereits so verwenden.

Die Skizze der 3D-Geometrie ist die Grundlage für diese Ableitung. Daher gilt, je besser die Skizze bei der Erzeugung aufgebaut ist, desto weniger Nacharbeit haben wir in der Zeichnungserstellung.

8.16 Zeichnungsableitung von Baugruppen

Werden von Baugruppen Zeichnungs-Grundansichten abgeleitet, so ist die Toolbar um einige Funktionen erweitert. Diese Funktionen finden wir auch als separate Funktionen in den Toolbars bzw. in den Menüs.

Anordnung/Arrangement

lässt uns, sofern *Anordnungen* definiert sind hieraus für die zu erzeugende Ansicht auswählen.

Einstellungen/verdeckte Komponenten

Über das Markieren als verdeckte Komponenten können diese aus der aktuellen Ansicht ausgeblendet werden.

Einstellungen/Nicht geschnitten

betrifft Komponenten, die bei einem Baugruppenschnitt nicht geschnitten dargestellt werden sollen (z. B. Wellen oder auch Normteile).

Ist der Baugruppen-Navigator geöffnet, so können hier auch Komponenten allerdings auf globaler Baugruppenebene ein- und ausgeblendet werden. Oft müssen die Ansichten anschließend folgendermaßen aktualisiert werden:

RMT auf Ansicht ⇨ *Aktualisieren*

Schnittkomponenten in Ansicht

betrifft Komponenten, die bei einem Baugruppenschnitt nicht geschnitten dargestellt werden sollen (z. B. Wellen oder auch Normteile).

⚠ Im Anschluss an die Funktion unbedingt *Aktualisieren* der Ansicht anwenden.

Schraffuren

werden einfach über Doppelklick auf diese editiert (Typenfilter beachten).

Stückliste

wird als Tabelle auf der Zeichnung platziert. Die Tabelle kann durch Anwählen mit LMT verschoben werden bzw. die Spalten- und Zeilengrößen durch LMT auf die jeweilige Tabellenlinie angepasst werden. Der Tabellenkopf kann über Doppelklick in die Felder sowie über *Stil* angepasst werden. Die Stückliste beinhaltet alle Komponenten der aktiven Baugruppenebene.

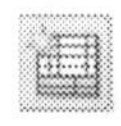

Stücklistenstufen oder **Stücklistenebene**

definiert, ob weitere Komponenten ein- oder ausgeschlossen werden. Menü ⇨ *Werkzeuge* ⇨ *Stücklistenebene*

Autom. ID-Symbol (Kreis)

bedeutet, dass in Baugruppenzeichnungen mit Stückliste die Komponenten automatisch ID-Symbole mit den Positionsnummern der Stückliste erhalten. Die Positions-Symbole werden ggf. über *Stil* angepasst.

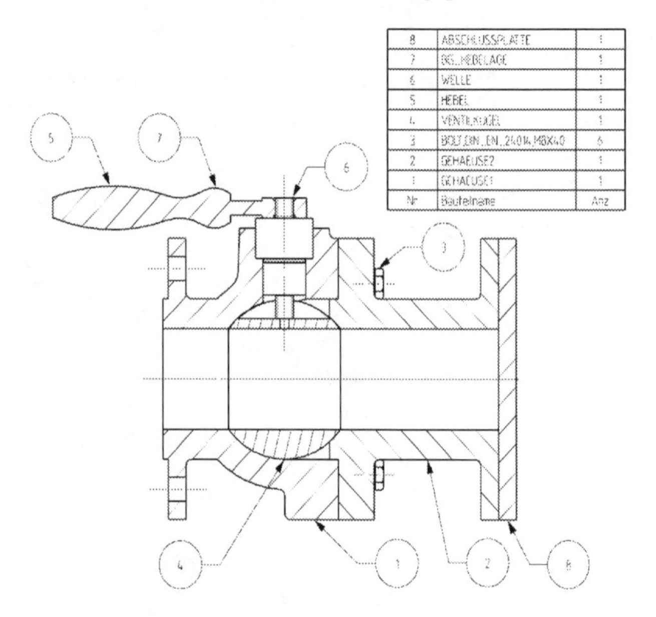

8	ABSCHLUSSPLATTE	1
7	BG_HEBELAGE	1
6	WELLE	1
5	HEBEL	1
4	VENTILKUGEL	1
3	BOLT_DIN_EN_24014_M8X40	6
2	GEHAEUSE2	1
1	GEHAEUSE1	1
Nr	Bauteilname	Anz

Explosionsansichten in Zeichnungen

werden als Ansicht in der Anwendung *Konstruktion* bzw. *Baugruppen* angelegt. Sobald wir den Dialog zur Erzeugung der Grund-Ansicht aufrufen, haben wir diese Ansicht ebenfalls zur Auswahl.

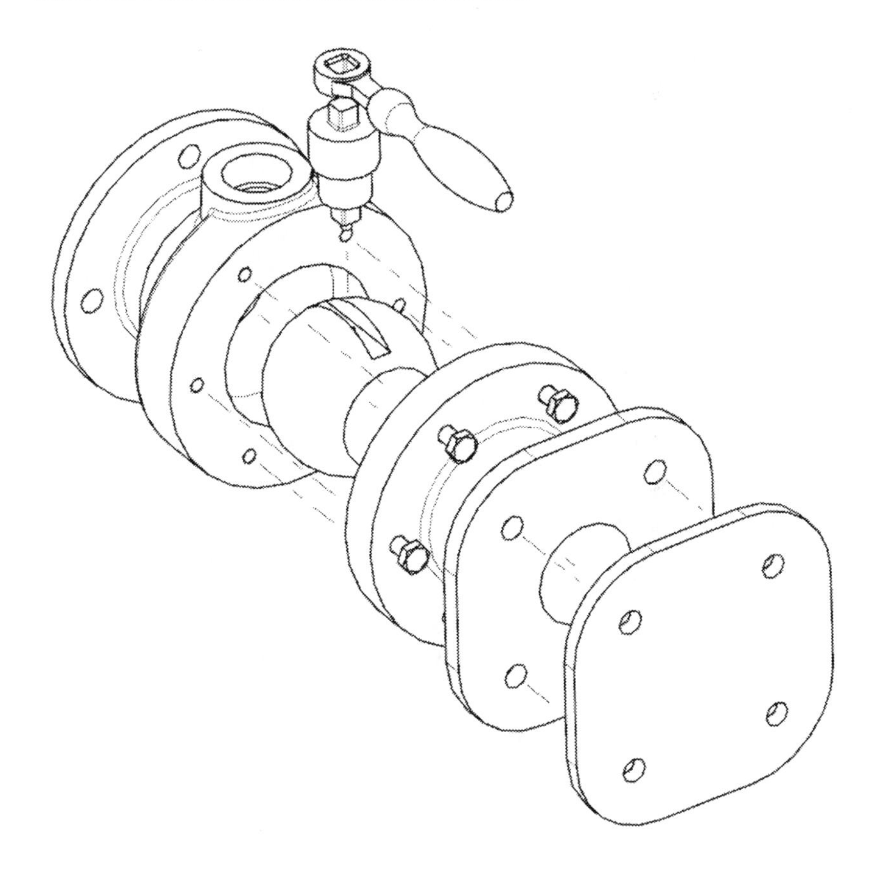

9 Anhang

9.1 Häufig gestellte Fragen

Frage	Lösungsvorschlag
Allgemein	
Elemente/Komponenten können **nicht selektiert** werden	**Auswahlfilter** auf Allgemein, Formelement oder Komponente überprüfen. Oft stimmt der Filter nicht mit der gewünschten Selektion überein. **Layereinstellungen** überprüfen (evtl. ist ein Layer auf visible - sichtbar gestellt, Layer müssen auswählbar - selectable oder work sein)
Elemente/Komponenten können **nicht eingeblendet** werden	**Schnittdarstellung** ist an und die Geometrie befindet sich im geschnittenen Bereich. **Reference Set** ist falsch gesetzt.
Konstruktion	
Icons sind nicht zu finden	**Toolbar** ist nicht eingeblendet oder in der Toolbar ist das Icon nicht eingeblendet. Über Menü ⇨ *Einfügen...* sind alle Funktionen des Erstellens nach Kategorien aufgeführt RMT auf grauen Randbereich - Toolbars einschalten, ggf. Toolbars anpassen.
Bohrung ist erzeugt und wird im Teile-Navigator angezeigt, doch im Grafikbereich ist der **Körper nicht durchbohrt**	Evtl. sind zwei gleiche Grundelemente übereinander liegend erzeugt worden (Formelemente in Teile-Navigator auf doppelte Elemente überprüfen). Oder Boolesche Operation wurde vergessen, erst vereinen, dann Bohrung einfügen.
Während der Formelementdefinition können **Punkte** wie Quadranten- oder Mittelpunkte **nicht gefangen** werden.	**Punktefang** einschalten **Punktefang** überprüfen und entsprechende Optionen einschalten

Im **Teile-Navigator** erscheinen die Formelemente zu Körpern zusammengefasst	Die Ansicht des Teile-Navigators ist nicht im **Zeitstempel** angegeben, RMT auf grauen Bereich oberhalb im Teile-Navigator und Zeitstempel aktivieren
Skizzen lassen sich nicht extrudieren / rotieren	Die Skizze kann übereinanderliegende Geometrieelemente beinhalten (Fehlerkanten häufig angezeigt beim Extrusionsversuch). Skizze aktivieren und betreffendes Skizzenelement löschen.
Skizzengeometrie kann nicht bearbeitet werden	Möglicherweise ist eine zweite Skizze erzeugt worden und es wird in der zweiten aktiven versucht, Geometrie der ersten zu editieren. Erste Skizze aktivieren.

Baugruppen

Die Bauteile wurden unter Windows in andere Ordner verschoben, NX kann einige / alle Bauteile **nicht laden**	*Datei* ⇨ *Optionen* ⇨ ***Ladeoptionen***... überprüfen, evtl. einzelne Suchverzeichnisse oder Sammelverzeichnisse (\...) definieren

Zeichnungserstellung

Bezugselemente erscheinen auf der Zeichnung	**Layerstruktur** überprüfen! In der Anwendung *Konstruktion* Bezugselemente ggf. auf entsprechende Layer verschieben oder Layer ausblenden. Über Menü ⇨ *Format* ⇨ *Layer in Ansicht* entsprechende Layer ein- und ausblenden
Formatierung der Bemaßungen/Beschriftungen wird nicht generell angewendet	Über Menü ⇨ *Voreinstellungen* ⇨ *Bemaßungseinstellungen* auswählen, Erben oder Alles Erben wählen, bereits formatiertes Maß auswählen. Die Einstellungen des selektierten Maßes werden auf die Voreinstellungen übertragen.
PDF erzeugen	Menü ⇨ *Datei* ⇨ *Exportieren* ⇨ *PDF* Die Einstellungen, wie Strichstärken und Speicherpfad können dann im Dialog vorgenommen werden. Die Standard-Strichstärken sind oft zu dick. Daher im Verhältnis reduzieren!

9.2 Weitere Formelemente

Extrusion

Extrusion des oberen Kantenzuges des Bezugsquaders mit den Parametern: Offset (Start, Ende) Höhe und Schrägung. Boolesche Operation: *Vereinigen*

Extrusion des oberen Kantenzuges des Bezugsquaders mit den Parametern: Offset (Start, Ende) Tiefe und Schrägung. Boolesche Operation: *Subtrahieren*

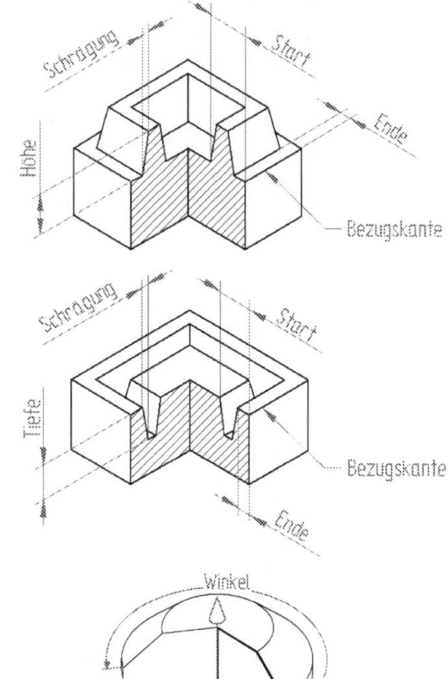

Rotation

Genau wie *Extrusion* können mit *Rotation* Flächen oder Körper erzeugt werden. Für die Rotation ist eine Rotationsachse notwendig, die nicht zwangsläufig, wie dargestellt, kolinear zu den zu rotierenden Profil liegt.

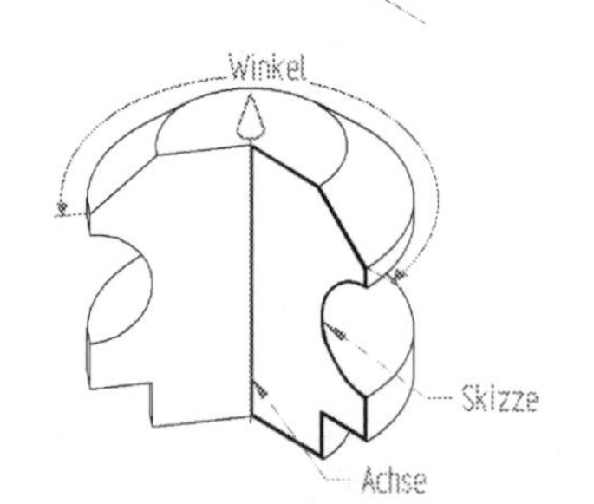

Rotationsprofile können aus **Skizzen, Kanten, Kurven oder Flächen**, Rotationsachsen zusätzlich aus einer Bezugsache oder einem Vektor bestehen.

Rohr (Tube)

Genau wie Sweep wird bei Rohr eine Leitkurve genutzt, um ein rundes Profil (voll oder hohl) der Leitkurve entlang zu ziehen. Die Leitkurve kann aus Skizzen, Kanten oder Kurven bestehen.

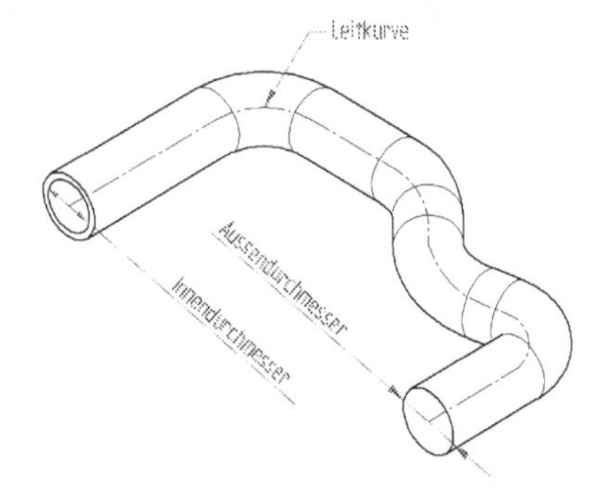

Entlang Führung extrudieren (Sweep)

Genau wie *Extrusion* können mit *Sweep* Flächen oder Körper aus Kurven oder Skizzen erzeugt werden. Für den *Sweep* ist eine Leitkurve notwendig, die i. A. im Startpunkt senkrecht auf den zu ziehenden Profilen/ Schnittkurven liegt. Leitkurven können aus **Skizzen, Kanten, Kurven,** Schnittkurven zusätzlich auch aus **Flächen** bestehen.

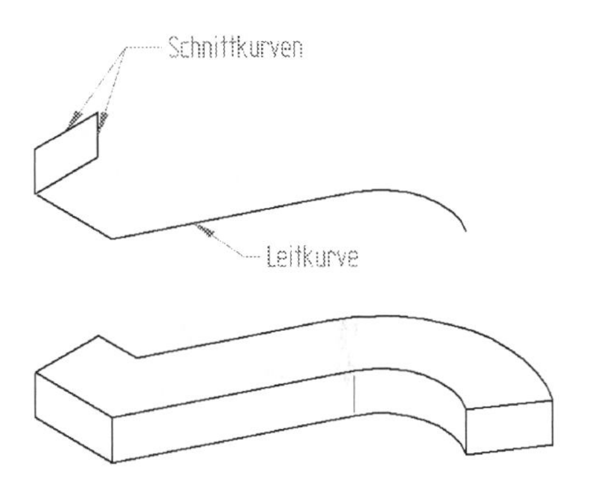

Fase

Fasen werden in drei Standardarten vom System zur Verfügung gestellt, 45°-Fase, Fase durch zwei Abstände und Fase durch Abstand und Winkel. Fasen werden an Kanten definiert. Fasen tragen bei außenliegenden Kanten Material ab, innenliegende Kanten werden mit Material beaufschlagt.

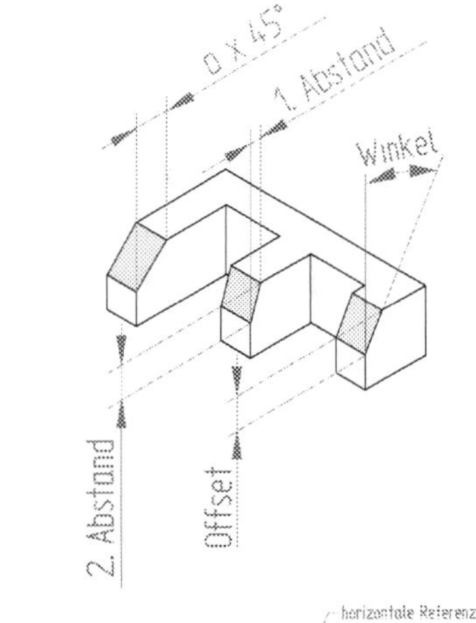

Tasche

Vom Grundkörper subtrahierter Quader (optional mit Verrundungen und Schrägen) mit assoziativer Positionierung in Abhängigkeit vorhandener Geometrie. Horizontale Referenz gibt Ausrichtung des Parameters ‚Länge' an (Siehe Polster)

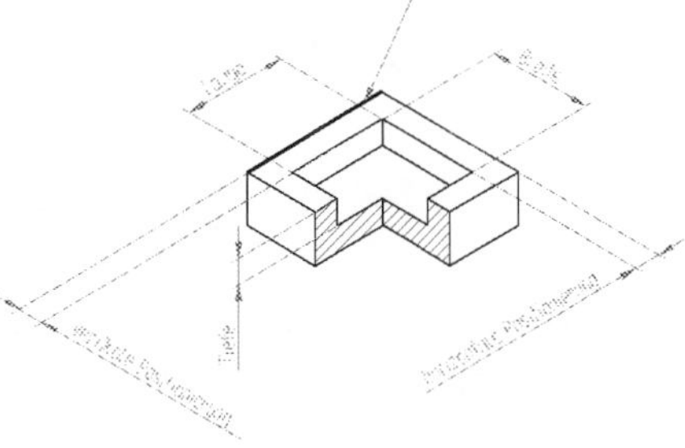

Polster

Zum Grundkörper vereinigter Quader (optional mit Verrundungen und Schrägen) mit assoziativer Positionierung in Abhängigkeit vorhandener Geometrie. Horizontale Referenz gibt Ausrichtung des Parameters ‚Länge' an (siehe 2. Bild).

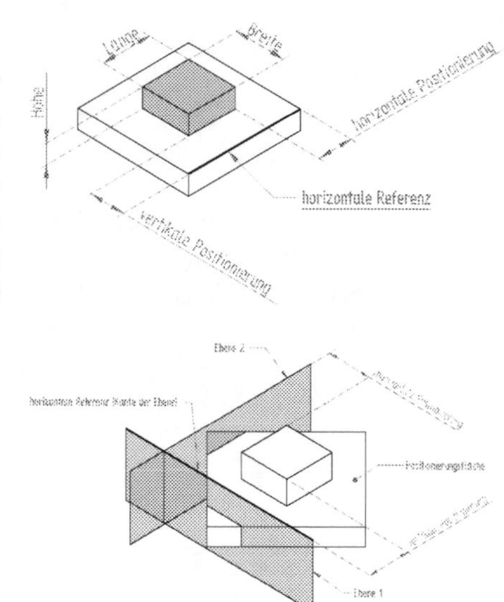

Schale

Aus Körpergeometrien (Solids) können über die Funktion *Hohlkörper* Schalen oder Hohlkörper erzeugt werden. Für eine Schale sind die entsprechend zu entfernenden Flächen während der Definition zu selektieren.

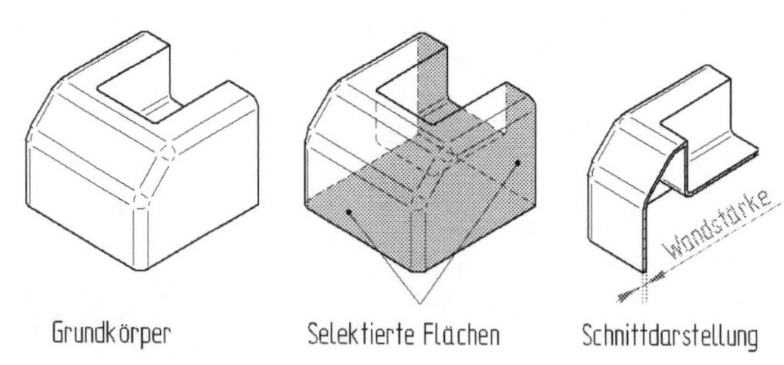

Nuten

Vom Grundkörper subtrahierte Quader mit Verrundungen, assoziativer Positionierung in Abhängigkeit vorhandener Geometrie. Horizontale Referenz gibt Ausrichtung des Parameters ‚Länge' an, durchgehende Nuten möglich (siehe Dialog und Cue Line)

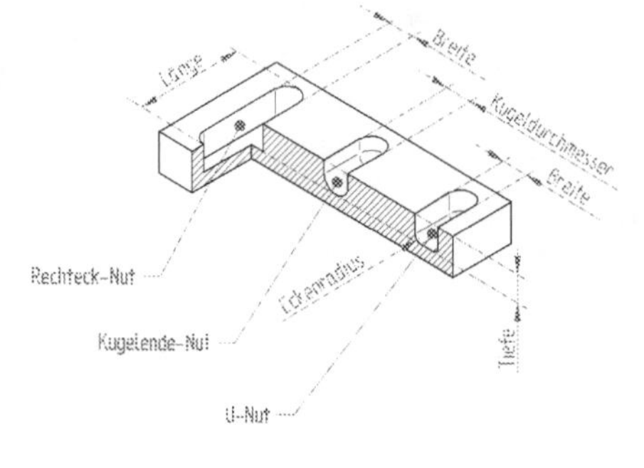

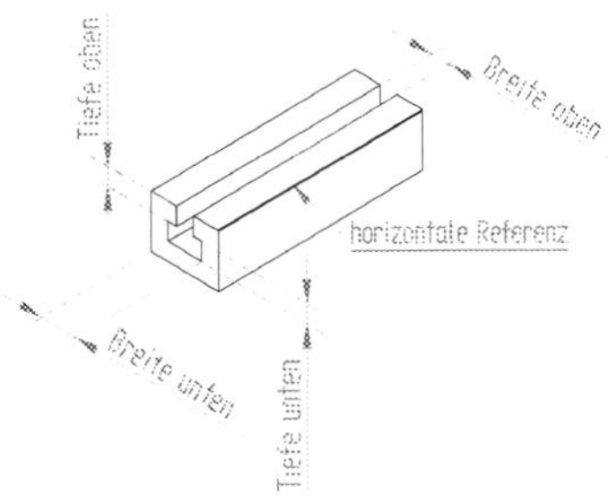

T-Nut

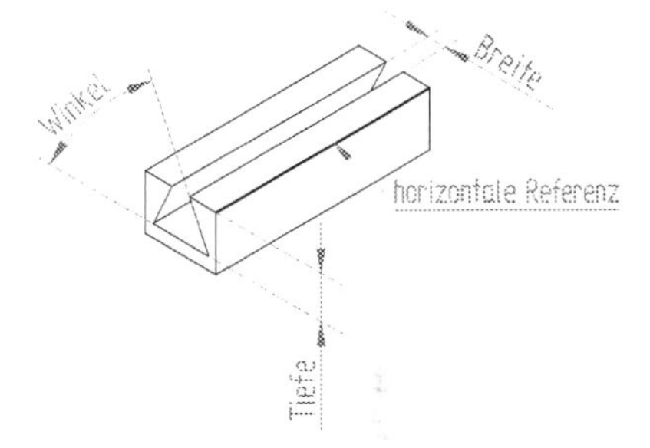

Schwalbenschwanz-Nut

Dart (Rippe)

Zum Grundkörper vereinigte oder subtrahierte Geometrie in Form einer Rippe. Nur anwendbar auf zwei Flächensätze (pro Satz können mehrere Flächen, planar oder gekrümmt, definiert werden).

Einstich

Vom Grundkörper subtrahierte Hohlzylinder mit Verrundungen, assoziativer Positionierung in Abhängigkeit vorhandener Geometrie. Nur anwendbar auf Zylindermantelflächen.

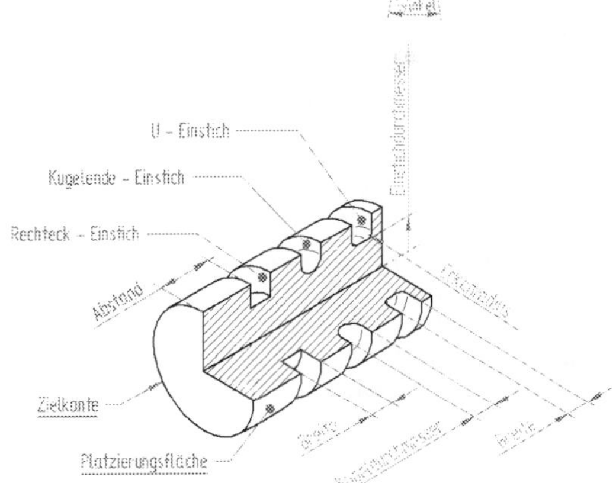

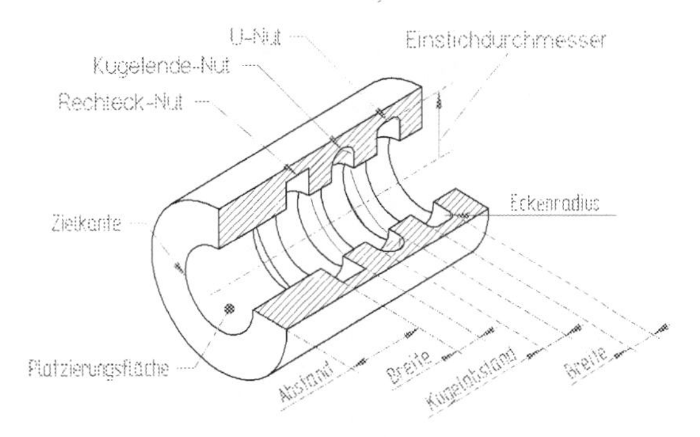

10 Sachwortverzeichnis

F

G

H

I

K

L

M

N

O

P

Z

Printed in the United States
By Bookmasters